Tekin Yılmaz
Bayram Erçıkdı

Macun Dolgu Teknolojisi

Tekin Yılmaz
Bayram Erçıkdı

Macun Dolgu Teknolojisi

Macun Dolgu Dayanımının Ultrasonik P- Dalga Hızı Yöntemi İle Dolaylı Olarak Tahmini

Türkiye Alim Kitapları

Impressum / Yayınevi adı
Bibliografische Information der Deutschen Nationalbibliothek: Die Deutsche Nationalbibliothek verzeichnet diese Publikation in der Deutschen Nationalbibliografie; detaillierte bibliografische Daten sind im Internet über http://dnb.d-nb.de abrufbar.

Deutsche Nationalbibliothek tarafından yayınlanan bibliyografik bilgiler: Deutsche Nationalbibliothek, bu yayını Deutsche Nationalbibliografie'de listeler; detaylı bibliyografik bilgi İnternet'te http://dnb.d-nb.de sitesinde mevcuttur.

Coverbild / Kitap kapağı resmi: www.ingimage.com

Verlag / Yayıncı:
Türkiye Alim Kitapları
ist ein Imprint der / yayınevinin bir ticari markasıdır
OmniScriptum GmbH & Co. KG
Heinrich-Böcking-Str. 6-8, 66121 Saarbrücken, Deutschland / Almanya
Email / E-posta: info@turkiye-alim-kitaplary.com

Herstellung: siehe letzte Seite /
Basım yeri: son sayfaya bakın
ISBN: 978-3-639-67021-9

Zugl. / Approved by: Trabzon, Karadeniz Teknik Üniversitesi, 2013

ÖNSÖZ

"Macun Dolgu Dayanımının Ultrasonik P- Dalga Hızı Yöntemi ile Dolaylı Olarak Tahmini" isimli bu çalışma, Karadeniz Teknik Üniversitesi Fen Bilimleri Enstitüsü Maden Mühendisliği Anabilim Dalı'nda yapılan yüksek lisans tezinden yararlanılarak hazırlanmıştır.

Çalışma süresince danışmanlığımı üstlenerek, gerek konu seçimi, gerekse çalışmaların yürütülmesi ve sonuçlandırılması sırasında bilgi, deneyim ve görüşlerini benimle paylaşan, yardım ve desteğini esirgemeyen danışman hocam Sayın Doç. Dr. Bayram ERÇIKDI'ya teşekkür ve şükranlarımı sunmayı bir borç bilirim.

Kitap çalışması ve yayınsal çalışmalarda yol gösterici bilgi ve tecrübelerini aktarmaktan kaçınmayan Sayın Prof. Dr. Ayhan KESİMAL, Sayın Prof. Dr. Hakan KARSLI, Sayın Prof. Dr. Hacı DEVECİ ve Sayın Doç Dr. Gülten YAYLALI ABANUZ'a sonsuz teşekkürlerimi sunarım.

Eğitim ve çalışma hayatımın her aşamasında hiçbir fedakârlıktan kaçınmayan ve her türlü desteklerini benden esirgemeyen sevgili aileme teşekkürlerimi bir borç bilirim.

Tekin YILMAZ

Trabzon 2014

TABLOLAR DİZİNİ

Sayfa No

SEMBOLLER DİZİNİ

AAS : Atomik Adsorbsiyon Spektrometre
AMD : Asit Maden Drenajı
ASTM : American Society for Testing and Materials
CPB : Çimentolu Macun Dolgu
CEM I 42,5R : Portland Çimentosu
CEM III/A 42,5N: Yüksek Fırın Cürufu Katkılı Çimento
CH : Kalsiyum Hidroksit
C-S-H : Kalsiyum Silika Hidrat
C_3A : Kalsiyum Alüminat
C_3S : Trikalsiyum Silikat, Alit
C_2S : Belit
C_4AF : Tetrakalsiyum Alümino Ferrit
C_c : Eğrilik Katsayısı
C_u : Üniformluk Katsayısı
PÇ : Portland Çimentosu
PKÇ : Portland Kompoze Çimentosu
r : Korelasyon Katsayısı
SDÇ : Sülfata Dayanıklı Çimento
SDÇ 32,5 : Sülfata Dayanıklı Çimento
S_d : Serbestlik Derecesi
TEBD : Tek Eksenli Basınç Dayanımı
UCS : Tek eksenli Basınç Dayanımı
UPV : Ultrasonik P- Dalga Hızı
V_P : Ultrasonik P- Dalga Hızı
w/c : Su-çimento Oranı
XRD : X- Işınları Difraktometre
μm : Mikron
μs : Mikrosaniye
$: Amerikan Doları

1. GENEL BİLGİLER

1.1. Giriş

Son yıllarda cevher zenginleştirme atıklarının çimentolu macun dolgu (CPB) ile yeraltı üretim boşluklarına depolanması teknik, ekonomik ve çevresel açıdan sağladığı yararlar göz önünde bulundurulduğunda birçok yeraltı madeni için madencilik faaliyetlerinin önemli bir parçasını oluşturmaktadır (Yumlu, 2010; Erçıkdı vd., 2012).

Genellikle yerüstü atık barajlarına, derelere, deniz ve okyanusların derin bölgelerine deşarj edilmekte olan maden atıkları, son yıllarda meydana gelen atık barajı kazaları ve artan çevresel kaygılar nedeniyle çimentolu macun dolgu teknolojisi ile yeraltı üretim boşluklarında güvenli bir şekilde depolanabilmektedir. Bu atıkların, yeraltı üretim boşluklarına doldurulmasıyla;

i. Arakatlı kazı veya kes-doldur yöntemiyle üretim yapılan yeraltı maden işletmelerinde tahkimat amaçlı bırakılan büyük boyutlu topuklardan cevher kazanımı sağlamakta ve tahkimat işlevi görerek yan odaların (stope) üretimi esnasında emniyetli çalışma koşulları sağlamaktadır (Fall ve Samb, 2009; Ünal ve Çakmakçı, 2000; Yılmaz, 2003).

ii. Yerüstü tasman oluşumunu minimize etmektedir.

iii. Tesis atıklarının %65-70'inin yeraltı üretim boşluklarında depolanmasına imkan sağlamakta ve yerüstü atık depolama ve rehabilitasyon maliyetlerini azaltmaktadır (Fall vd., 2007).

iv. Uygun bir atık yönetimi yöntemi olan macun dolgu ayrıca, atmosferik koşullar altında depolanması durumunda çevresel problemlere (AMD oluşumu vb.) yol açabilecek sülfürlü atıkların emniyetli bir şekilde depolanabilmesini sağlamaktadır (Çetiner vd., 2006; Akçil ve Koldaş, 2006).

Çimentolu macun dolgu; ince boyutlu cevher zenginleştirme atıkları (ağırlıkça katı oranı %75-85), bağlayıcı (ağırlıkça %3-9) ve istenen akışkanlığı ve katı oranını (%70-80) sağlamak için ilave edilen suyun başarılı bir karışımı olarak ifade edilmektedir. Dolguyu oluşturan bileşenlerin (atık, bağlayıcı ve karışım suyu) fiziksel, kimyasal ve mineralojik özellikleri dolgunun kısa ve uzun dönem performansı (dayanım, duraylılık vb.), taşınması ve yeraltı üretim boşluklarına yerleştirilmesi açısından önemli bir rol oynamaktadır. Çimentolu macun dolgunun kalitesini belirleyen en önemli parametre ise dolgunun kısa ve uzun dönemde gösterdiği mekanik davranışıdır. Dolgunun mekanik özelliklerini test etmek için ise yaygın olarak tek eksenli basınç dayanımı testleri yapılmaktadır (Yılmaz vd., 2013).

1.1.1. Çalışmanın Amacı

Çimentolu macun dolgunun (CPB) belirli bir zamandaki (genellikle 28 ve 180 gün) tek eksenli basınç dayanımı, yan odaların (stope) üretimi esnasında macun dolgu yapısının duraylı kalması, maden çalışanlarının güvenliğinin sağlanması ve cevher seyrelmesinin önlenmesi için en önemli kalite kriterlerinden birisidir. Çimentolu macun dolgunun tek eksenli basınç dayanımı genellikle boy/çap oranı = 2/1 olan 10x20 cm (çap x boy) boyutuna sahip silindirik numune kapları ile yapılmaktadır. Ayrıca pratikte, maden operatörleri macun dolgu karışım dizaynlarını 10x20 cm boyutunda silindirik numune kaplarından elde ettikleri dayanım sonuçlarına göre yapmaktadırlar. Fakat son yıllarda bazı araştırmacılar kullanılan atık malzeme miktarı ve işyükünü azaltmak için boy/çap oranı = 2/1 olan 5x10 cm boyutuna sahip numune kaplarını kullanmaya başlamıştır.

Ultrasonik P- dalga hızı yöntemi basit, düşük maliyetli, hasarsız ve güvenilir bir metod olduğundan dolayı beton ve kaya örneklerinin tek eksenli basınç dayanımlarının dolaylı olarak tahmin edilmesinde yaygın olarak kullanılmaktadır. Bu yöntemin diğer avantajlarından bir tanesi de hem laboratuar ortamında hem de yeraltı koşullarında rahatlıkla çalışma yapılabilmesi için test cihazının taşınabilir özellikte olmasıdır. Fakat çimentolu macun dolgu teknolojisinde kullanımı pek bulunmamaktadır. Bu bağlamda ultrasonik P- dalga hızı metodu geleneksel basınç dayanımı testi yerine macun dolgu dayanımının hızlı bir biçimde tahmini için yararlı olabilir.

Bu çalışmanın amaçları;

I. Numune boyutunun (10x20 cm ve 5x10 cm) farklı karışım özelliklerinde (bağlayıcı tipi ve oranı, su/çimento oranı ve tane boyut dağılımı) hazırlanan macun dolgunun tek eksenli basınç dayanımı ve ultrasonik P- dalga hızına etkisinin araştırılması ve
II. Hazırlanan çimentolu macun dolgu örneklerinin ultrasonik P- dalga hızı ile tek eksenli basınç dayanımı arasındaki ilişkinin istatistiksel olarak belirlenmesi ve dolaylı olarak tek eksenli basınç dayanımlarının tahmin edilebilmesidir.

1.2. Madencilikte Dolgu İşlemi

Cevher üretimi sırasında oluşan yeraltı maden açıklıkları, i) komşu (yan) maden yapıları için tahkimatı sağlamak, ii) çalışanlar ve ekipmanlar için güvenli bir çalışma ortamı sağlamak, iii) cevher zenginleştirme sonrası ortaya çıkan atıklar için bertaraf alanı tesis etmek ve iv) yüzeyde meydana gelmesi muhtemel çökmeleri engellemek veya minimize etmek amacıyla uygun bir malzeme ile doldurulmaktadır (Kesimal vd., 2005).

Dolgu, yeraltı maden ocaklarında cevher üretimi sonucu meydana gelen boşlukları uygun bir malzeme kullanarak doldurma işlemidir (Archibald vd., 1993). Dolgu malzemesi olarak genellikle cevher zenginleştirme sonrası oluşan belirli oranda susuzlandırılmış (tikiner ve filtreler vasıtasıyla) tesis atıkları, kum, taşocaklarından patlatma sonucu elde edilen iri kayaç parçaları ve kırılmış agrega kullanılmaktadır (Çakmakçı, 1997). Ayrıca dolgunun yeraltında cevheri alınmış boşluklara yerleştirilmesi genellikle karışım içerisine belli bir miktar bağlayıcı ve su ilave edilmesiyle gerçekleştirilmektedir. Maden dolgusu, dolgu malzemesi içeriğine bağlı olarak genellikle üç farklı şekilde yapılabilmektedir. Bunlar; i) kaya dolgu, ii) hidrolik dolgu ve iii) macun dolgudur (Nasir ve Fall, 2009; Fall vd., 2010).

Kaya dolgu, cevheri alınmış boşlukların doldurulması amacıyla yerüstü veya yeraltından elde edilmiş ve genellikle 40 mm boyutuna kadar kırılmış atık kaya parçaları ve agreganın çimento ve suyla uygun koşullarda karıştırılmasından oluşmaktadır (Şekil 1a). Kaya dolgunun başlıca avantajları, dolgu tonajını üç kat ve hacmini 2 kat arttırması, dayanımı arttırması ve bağlayıcı (çimento) tüketimini %2'nin altına düşürmesi olarak sıralanabilir. Kaya dolgu uygulamasında kullanılacak malzeme taşocağı vb. yerlerden temin edilecekse maliyet önemli oranda artabilir (Abdul-Hussain, 2011).

Hidrolik dolgu, malzemenin su ile taşınması, üretilen yerin doldurulması, fazla suyun katı dolgu malzemesinden ayrışması ve sertleşmesi esasına dayanır (Şekil 1b). Hidrolik dolgu genellikle ağırlıkça % 70 katı oranında hazırlanır ve gerekli permabiliteyi (geçirgenliği) sağlamak için 10 μm altı malzeme miktarının ağırlıkça % 10'dan fazla olması istenmez. İdeal olarak hidrolik dolgu, içerisinde bulunan suyun mümkün olduğu kadar çabuk uzaklaşabilmesi ve fazla gözenek suyu basıncı oluşmaması için serbest drenaj özelliğine sahip olmalıdır (Abdul-Hussain, 2011). Bu yüzden hidrolik dolgu uygulamasında genellikle sınıflandırılmış atıkların kullanılması tercih edilmektedir (Yılmaz, 2003). Hidrolik dolgunun en önemli avantajları, kolay uygulanabilir ve düşük maliyetli olmasıdır.

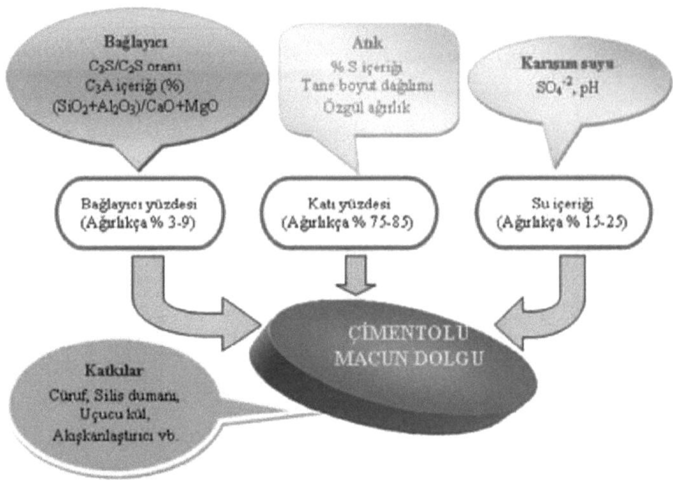

Şekil 3. Çimentolu macun dolgu bileşimi

Bu bileşenler yerüstünde bulunan macun dolgu tesisinde harmanlanır ve karıştırılarak kot farkından yararlanılarak veya pompalanmak suretiyle yeraltına gönderilmektedir. Şekil 4'de yeraltına doldurulacak macun dolgunun üretim aşaması ve yeraltına doldurulması işlemi gösterilmektedir.

Şekil 4'de görüldüğü üzere cevher zenginleştirme ve öğütme proseslerinden gelen tesis atıkları, susuzlandırma işlemleri kapsamında tikiner (koyulaştırma havuzu) ve filtrasyon (susuzlandırma) ünitelerinden geçtikten sonra macun dolgu karışımın üretilmesi için belli oranlarda su ve bağlayıcılarla karıştırılır. Hazırlanan macun dolgu karışımı borular vasıtasıyla pompalanarak yeraltına nakledilir.

Yeraltına boru hattıyla gönderilecek olan macun dolgunun; belli bir akışkan kıvamda taşınabilmesi, sürtünme kaynaklı aşınma sorunlarının engellenmesi ve karışım içersinde su tutmanın sağlanabilmesi için ağırlıkça en az %15 veya daha yüksek oranda <20 μm boyutlu ince taneli atık malzeme içermesi gerekmektedir (Brackebusch, 1994; Erçıkdı, 2009). Ayrıca bağlayıcının hidratasyonunu tamamlayabilmesi ve dolgu karışımının yeraltına belli bir akışkan kıvamda taşınması amacıyla ilave edilecek suyun ağırlıkça %15-25 arasında olması gerekmektedir (Erçıkdı, 2009).

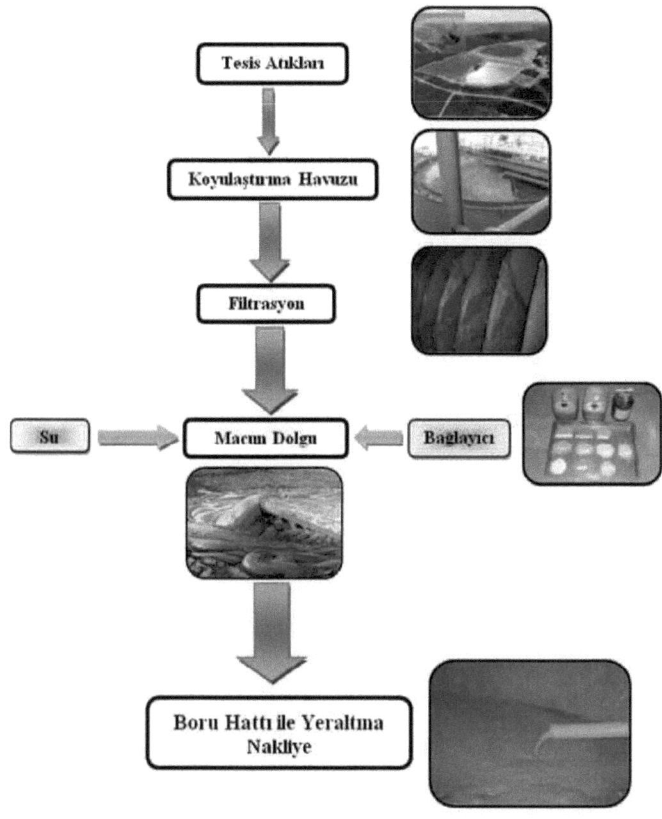

Şekil 4. Macun dolgunun üretim aşaması ve yeraltına nakliyesi (Erçıkdı vd., 2012)

1.2.2. Macun Dolgu Uygulama Örnekleri

Macun dolgu yönteminin en yaygın olarak uygulandığı ülkeler, işletme bazında Avustralya ve Kanada'dır. Bu ülkelerde macun dolgu tesisinin kurulum aşaması devam eden yeraltı işletmeleri de bulunmaktadır. Son yıllarda macun dolgu uygulamasının gelişmesine Avrupa ve Asya ülkeleri de katkıda bulunmaktadır. Avrupa ve Asya'da işletme durumunda bulunan macun dolgu tesisi fazla olmamakla birlikte kurulum aşamasında birçok tesis bulunmaktadır (Şekil 2).

Macun dolgu yönteminin başarıyla uygulandığı birçok cevher tipi bulunmaktadır. Bunlardan en önemli üç tanesi özellikleriyle birlikte aşağıda verilmiştir (Yumlu, 2010).

Yeraltı Bakır-Çinko (Cu-Zn) İşletmesi

- Macun dolgu tesis kapasitesi: 45 ton/saat
- Üretim metodu: Arakatlı kazı
- Atık malzeme üretimi: 1 milyon ton/yıl
- Atık malzeme yoğunluğu: 4,5 ton/m^3
- Macun dolgunun pulp yoğunluğu: 2,6 ton/m^3 ve kuru yoğunluğu; 2 ton/m^3
- Atığın tane boyut dağılımı: %50-60'ı <20 μm ve P80 boyutu <63 μm
- Macun dolgu karışımının slamp değeri: 7-10 inch
- Dolgunun yerleştirildiği bölgenin boyutları: 20x7x30 m (Yükseklik x Genişlik x Uzunluk)
- İstenilen dayanım değeri: 1,0 MPa/28 gün
- Kullanılan bağlayıcı miktarı: I. bölge; 150 kg/m^3 (%7 oranında), II. Bölge; 110 kg/m^3 (%5 oranında)
- Barikat uygulaması: Püskürtme beton
- Dolgu pompalama sistemi: 125 mm çaplı düşey boru hattı

Yeraltı Altın (Au) İşletmesi

- Macun dolgu tesis kapasitesi: 120 ton/saat
- Üretim metodu: Kes-doldur
- Dolgu tipi: Macun dolgu ve kaya dolgu
- Atık malzeme üretimi: 450.000 ton/yıl
- Macun dolgunun pulp yoğunluğu: 1,5 ton/m^3 ve kuru yoğunluğu; 0,8 ton/m^3
- Atığın tane boyut dağılımı: %30'u <20 μm ve P80 boyutu <100 μm
- Atık malzeme yoğunluğu: 2,55 ton/m^3
- Macun dolgu karışımında kullanılan puzolanik malzeme: Volkanik tüf
- Dolgunun yerleştirildiği bölgenin boyutları: 5x5x30 m (Yükseklik x Genişlik x Uzunluk)
- İstenilen dayanım değeri: >1,5 MPa/28 gün
- Kullanılan bağlayıcı miktarı: 100-150 kg/m^3
- Barikat uygulaması: Püskürtme beton
- Dolgu pompalama sistemi: 150 mm çaplı düşey boru hattı

Yeraltı Kurşun-Çinko (Pb-Zn) İşletmesi

- Macun dolgu tesis kapasitesi: 100 ton/saat
- Üretim metodu: Kes-doldur

- Dolgu tipi: Macun dolgu ve kaya dolgu
- Atık malzeme üretimi: 1,6 milyon ton/yıl
- Macun dolgunun pulp yoğunluğu: 2,15 ton/m^3 ve kuru yoğunluğu; 1,6 ton/m^3
- Atığın tane boyut dağılımı: %35'i <20 μm ve P80 boyutu <100 μm
- Atık malzeme yoğunluğu: 3,6 ton/m^3
- Macun dolgu karışımının slamp değeri: 10-10,5 inch ve bu değeri için akma gerilmesi; 50 - 100 Pa
- Dolgunun yerleştirildiği bölgenin boyutları: 10x6x15 m (Yükseklik x Genişlik x Uzunluk)
- İstenilen dayanım değeri: 0,5 MPa/28 gün
- Kullanılan bağlayıcı miktarı: 150 kg/m^3 (%7 oranında)
- Dolgu karışımında kullanılan bağlayıcı oranları: %60 cüruf, %40 çimento
- Barikat uygulaması: Püskürtme beton
- Dolgu nakil sistemi: 200 mm çaplı düşey ve 3,5 km uzunluğunda boru hattı

1.2.3. Macun Dolgu Yönteminin Avantaj ve Dezavantajları

Özellikle arakatlı kazı ve kes-doldur gibi üretim yöntemlerinin uygulandığı yeraltı işletmelerinde kullanılmakta olan macun dolgu yönteminin avantajları aşağıdaki gibidir (Erçıkdı vd., 2012);

- Tesis atıklarının %65-70'inin yeraltında depolanmasını sağlar. Böylece yerüstü atık depolama ve rehabilitasyon maliyetlerini azaltır.
- Kaya ve hidrolik dolguya kıyasla macun dolgunun taşınması ve yerleştirilmesi esnasında ayrışmanın oluşmaması, yeraltı üretim boşluklarının tamamının doldurulmasına imkân sağlamakta (gözenek ve boşluk oluşumu engellenmekte) ve böylece tavan oturmalarının önüne geçilerek emniyetli çalışma koşulları sağlanmaktadır.
- Zenginleştirme işlemleri sırasında çeşitli kimyasallar ilave edilen proses suyunun yaklaşık %90'ı tikiner (koyulaştırma) ve filtreleme (susuzlandırma) işlemleri esnasında geri kazanılmaktadır.
- Macun dolgunun geçirimliliğinin düşük, doygunluk derecesinin yüksek olması hem dolgu içerisindeki suyun dışarıya sızmasını, hem de yeraltı suyunun dolgu içerisinden geçişini engellemektedir. Ayrıca oksijenin dolgu içerisine difüzyonu (dağılımı) ve ortamdaki sülfürlü minerallerin oksidasyonu sonucu asit maden drenajı (AMD) oluşum riski azalmaktadır.

- Boru hattı ile yeraltına taşınması, klasik taşıma sistemlerinin (konveyör ve mobil ekipmanlar) yol açtığı problemleri (tahkimatın zarar görmesi, trafik problemi vb.) azaltmaktadır.
- Dolgu işleminin hızlı olması ve aynı çimento oranında hidrolik dolguya kıyasla daha yüksek dayanım kazanımı sağlaması madencilik işlemlerinin (ocağın döngü süresi) kısalmasını sağlar.
- Dolguya ilave edilen çimento, dayanım kazanımının yanında dolgunun geçirimsizliğini ve nötralizasyon potansiyelini artırarak AMD oluşumunu azaltmaktadır.
- Topukların kazanımını sağlayarak verimliliği artırır, tahkimat işlevi görür, çalışanlar ve ekipmanlar için çalışma platformu oluşturur.

Macun dolgu uygulamasının bazı dezavantajları ise;

- İlk yatırım maliyetleri yüksek ve yüksek katı yoğunluğu nedeniyle pompalama ve susuzlandırma işlemleri pahalıdır.
- Macun dolguyu yeraltına nakletmek için yüksek pompa basıncı gerekmektedir. Bu durum pompa bakım ve enerji maliyetlerini arttırmaktadır.
- Özellikle sülfürlü mineraller (pirit, pirotin vb.) içeren atıkların su ve oksijen ile temas ettiğinde oksidasyona uğraması macun dolgunun uzun dönemde duraylılığını kaybetmesine sebep olabilmektedir.
- Yeraltına gönderilecek olan macun dolgu karışımındaki tanelerin boyutu, karışımın yoğunluğu, özgül ağırlığı ve dolguda bulunan su miktarındaki değişiklikler dolgunun yeraltına nakledilmesinde problemler oluşturabilmektedir.

1.2.4. Macun Dolgunun Dayanımını Etkileyen Faktörler

Yeraltı maden işletmelerinde çimentolu macun dolgu uygulamasının artması ve yoğun olarak kullanılmasıyla birlikte, dayanım ve mikroyapı gibi özellikleri daha iyi anlamak ve bu özellikleri etkileyebilecek faktörleri belirlemek için çeşitli çalışmalar yapılmaktadır. Bu çalışmalar, değişik faktörlerin macun dolgunun niteliklerini (dayanım, mikroyapı gibi) etkileyebileceğini göstermiştir. Dolgu özelliklerinin değişmesindeki temel faktörler ise macun dolgu bileşiminin (atık, çimento, su gibi) özellikleri, madendeki jeomekanik koşullar ve kür şartlarıdır (Fall ve Samb, 2009).

Macun dolgunun dayanım ve duraylılığını etkileyen faktörler iç ve dış etkenler olmak üzere ikiye ayrılmaktadır. Dolgunun karışım özellikleri ve dolguyu oluşturan her bir bileşenin (atık, çimento, su vb.) fiziksel, kimyasal ve mineralojik özellikleri iç etkenler olarak adlandırılmaktadır (Belem vd., 2000; Benzaazoua vd., 2004; Erçıkdı, 2009). Dış etkenler ise çimentolu macun dolgu ile doldurulan yeraltı üretim boşluğunun yan kayaç ile etkileşimi, konsolidasyon (sıkışma) etkisi, patlatma kaynaklı titreşimler, kür koşulları (sıcaklık, nem vb.) ve drenaj koşulları ile ilgilidir (Erçıkdı vd., 2008; Erçıkdı vd., 2009b). Macun dolgunun kısa ve uzun dönemdeki dayanım ve duraylılığını etkiyen faktörler Şekil 5'de verilmiştir.

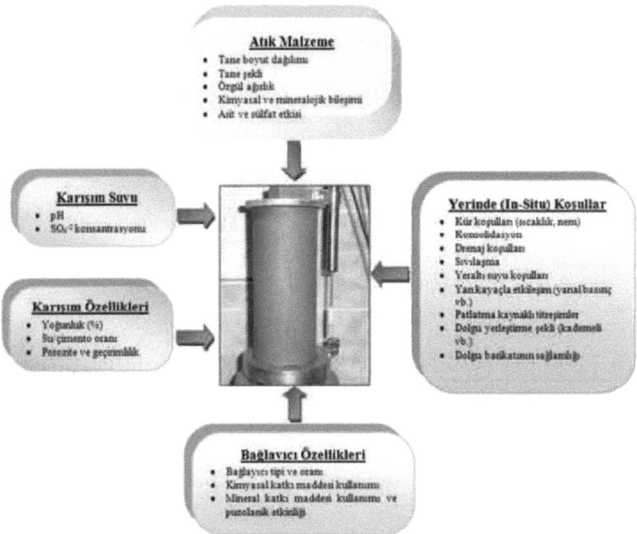

Şekil 5. Macun dolgunun dayanım ve duraylılığına etki eden faktörler (Erçıkdı vd., 2012)

1.2.4.1. Bağlayıcı Tipi

Yeraltı maden işletmelerinde kullanılan çimentolu macun dolgu uygulamasının mekanik davranışında (dayanım, duraylılık vb.) bağlayıcı tipi önemli bir rol oynamaktadır. Bununla birlikte, çimento masrafları macun dolgu tesisinin işletme maliyetleri açısından önemli bir faktördür (Kesimal vd., 2005). Tipik bir macun dolgu tesisinde, çimento masrafları (her %1'lik çimento artışı için ton başına 1$

maliyet artışı) işletme maliyetlerinin %50-70'ini oluşturmaktadır. Bundan dolayı, uygun ve düşük maliyetli ve macun dolgunun kısa ve uzun dönemdeki dayanım ve duraylılığını olumsuz yönde etkileyebilecek faktörlere (asit ve sülfat etkisi vb.) karşı dirençli bir çimento tipinin seçilmesi kayda değer bir öneme sahiptir (Erçıkdı vd., 2009a).

Sülfürlü minerallerce (pirit, pirotin vb.) zengin cevher zenginleştirme atıklarından oluşan macun dolguda, uzun dönemde bazı duraylılık problemlerinin (dayanım kaybı vb.) meydana geldiği bildirilmektedir (Hassani vd., 2001; Erçıkdı vd., 2009a). Yeraltına yerleştirilen çimentolu macun dolgu, su ve nemle temas ettiğinde sülfürlü mineraller (pirit vb.) oksidasyona uğrar. Açığa çıkan sülfat (SO_4^{-2}) daha sonra kalsiyum hidroksit (CH) ve kalsiyum alüminat (C_3A) gibi bağlayıcı fazları ve hidratasyon ürünleri ile reaksiyona girerek genleşme özelliğine sahip etrenjit ve alçıtaşı oluşumuna neden olur. Bu mineraller dolgunun dayanım ve duraylılığını olumsuz yönde etkilemektedir (Kesimal vd., 2004; Erçıkdı vd., 2009a).

Kullanılacak olan bağlayıcının fiziksel, mineralojik ve kimyasal özellikleri çimentolu macun dolgunun asit ve sülfata karşı direnç göstermesi açısından önemlidir (Yılmaz vd., 2003; Benzaazoua vd., 2004; Kesimal vd., 2005; Erçıkdı vd., 2009a). Portland çimentosu (ASTM Tip 1) gibi kalsiyumca zengin olan bağlayıcılar özellikle sülfat ataklara karşı dirençsizdirler. Aktif mineral katkı maddesi (uçucu kül, silis dumanı, yüksek fırın cürufu veya doğal puzolan) içeren Portland kompoze çimentosu veya sülfata dayanıklı çimento (ASTM Tip 5), sülfürce zengin atıklardan hazırlanan macun dolguda kullanılabilir (Benzaazoua vd., 2002; Kesimal vd., 2004; Erçıkdı vd., 2009a).

Erçıkdı (2009), çimento tipinin sülfürlü (%26 S) atıklardan hazırlanan macun dolgunun kısa ve uzun dönem performansına etkisini incelemek amacıyla farklı çimentolar (Portland çimentosu (PÇ), Portland kompoze çimentosu (PKÇ), sülfata dayanıklı çimento (SDÇ) ve portland çimentosu ve sülfata dayanıklı çimento (%50 PÇ - %50 SDÇ) karışımı) ile %5 bağlayıcı oranında macun dolgu numuneleri hazırlamıştır (Şekil 6). Buna göre, bütün çimento tiplerinde 56 güne kadar dayanım artışı gözlenmiştir. Bununla birlikte 28 günlük kür süresi sonunda sadece Portland çimentosu (PÇ) ile hazırlanan numuneler 0,7 MPa dayanımın üzerine çıkmıştır. Sülfata dayanıklı çimento (SDÇ) ile hazırlanan numunelerin dayanım artışı ise PÇ ve PKÇ ile hazırlanan numunelere göre daha yavaş seyretmiştir. Portland çimentosu ve portland kompoze çimentosu ile hazırlanan numunelerin dayanımları 56 günden sonra azalma eğilimine girmiş ve bu durum PÇ ve PKÇ ile hazırlanan sülfürce zengin atıklardan meydana gelen numuneler için uzun dönemde %5 çimento oranının uygun olmadığını göstermiştir. Uzun dönemde (56-360 gün) görülen dayanım kaybı yüksek oranda sülfür içeriğine sahip atık malzemeden oluşan macun dolgu örneklerinin sülfat atağa maruz kaldığını ortaya koymaktadır.

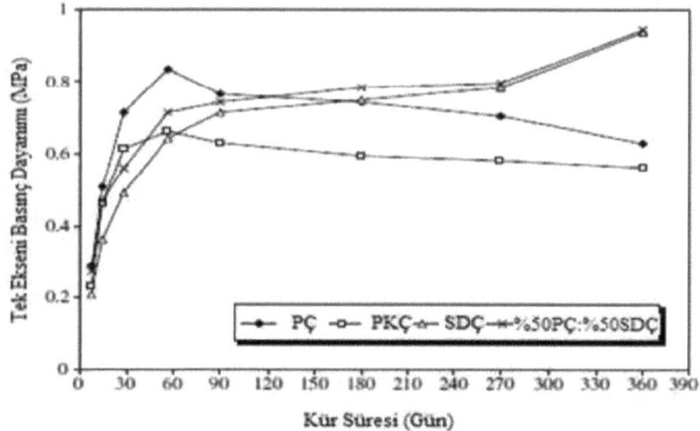

Şekil 6. Çimento tipinin macun dolgu dayanımına etkisi (Erçıkdı, 2009)

Portland çimentosu (PÇ) ve Portland kompoze çimentosunun (PKÇ) aksine sülfata dayanıklı çimentonun tek başına veya Portland çimentosu ile %50:50 oranlarında karıştırılmış olarak kullanıldığı macun dolgu numunelerinde 28 günlük kür süresi sonunda 0,7 MPa dayanım üretmemesine rağmen uzun dönemde dayanım artışının olduğu gözlenmiştir. Ayrıca karışım şeklinde kullanılan çimento (%50 PÇ - %50 SDÇ), macun dolgu örneklerinin dayanım gelişim oranını, SDÇ'nin tek başına kullanıldığı duruma kıyasla arttırdığı gözlenmiştir. PÇ ve SDÇ'nin birlikte kullanılması ile macun dolgunun dayanım ve duraylılığına katkıda bulunduğu belirtilmiştir. Ancak sülfata dayanıklı çimento diğer çimentolara nazaran daha pahalıdır. Bu yüzden Portland çimentosu ile sülfata dayanıklı çimentonun belli oranlarda (örneğin %50 - 50 oranında) karıştırılarak kullanımı önerilmiştir (Erçıkdı vd., 2009a). Benzer şekilde Benzaazoua vd. (2002) ve Fall ve Benzaazoua (2005) sülfür içeriği yüksek (%26 ve %32 S) atıklarla hazırlanan macun dolguda uzun dönemde oluşabilecek asit ve sülfat etkisine karşı bağlayıcı olarak eşit oranda PÇ ve SDÇ karışımı kullanımının faydalı olduğunu belirtmiştir. Tariq ve Nehdi (2007), sülfür içeriği %21 olan atıklardan hazırlanan macun dolguda bağlayıcı olarak

Portland çimentosu (PÇ) yerine sülfata dayanıklı çimento (SDÇ) kullanımının dayanım kaybını azalttığını belirtmiştir. Klein ve Simon (2006) sülfür içeriği düşük (%6 S) atık malzeme için bağlayıcı olarak Portland çimentosu kullanımının uygun olduğunu ve uzun dönemde herhangi bir dayanım kaybının oluşmadığını gözlemlemiştir.

1.2.4.2. Bağlayıcı Oranı

Macun dolgu yönteminin uygulandığı yeraltı maden işletmelerinde, macun dolgunun mekanik davranışı üzerinde (dayanım, duraylılık vb.), bağlayıcı miktarının önemli bir etkisi vardır. Macun dolgunun işlevine bağlı olarak istenilen dayanımı kazanması amacıyla karışıma ağırlıkça %3-9 oranında bağlayıcı ilave edilmektedir (Ouellet vd., 2005; Kesimal vd., 2005; Fall ve Samb, 2009; Erçıkdı, 2009; Nasir ve Fall, 2009; Galaa vd., 2011). Bununla birlikte, çimento masrafları macun dolgu tesisinin işletme maliyetleri açısından önemli bir faktördür (Kesimal vd., 2005). Tipik bir macun dolgu tesisinde, çimento masrafları (her %1'lik çimento artışı için ton başına ekstra 1$ maliyet) işletme maliyetlerinin %50-70'ini oluşturmaktadır. Bu yüzden macun dolgunun kısa ve uzun dönemdeki dayanım ve duraylılığını olumsuz yönde etkilemeyecek şekilde dizayn edilmiş bir macun dolgu karışımı sayesinde, bağlayıcı miktarında yapılacak çok az miktardaki azaltma bile macun dolgu tesisinin işletme maliyetlerinde tasarruf sağlayabilir (Kesimal vd., 2005).

Erçıkdı vd. (2009a), bağlayıcı oranının (%5-6-7 vb.) arttırılmasının çimentolu macun dolgunun 360 günlük kür süresi boyunca dayanım gelişimi üzerinde faydalı etkilerinin olduğunu belirtmiştir. %6 ve %7 bağlayıcı oranlarında hazırlanan macun dolgu örneklerinin 28 günlük kür süresi sonunda istenilen dayanım değerinin (>0,7 MPa) üzerinde dayanım sağladığı gözlenmiştir. Fakat Portland kompoze çimentosu ile %5 bağlayıcı oranında hazırlanan dolgu numuneleri 56 günlük kür süresi sonunda bile 0,7 MPa dayanıma ulaşamamıştır. Şekil 7'ye bakılarak 56 günlük kür sürelerindeki dayanım değerleri karşılaştırıldığında, %7 çimento oranında Portland kompoze çimentosu ile hazırlanan macun dolgu örneklerinin %5 bağlayıcı oranında hazırlanan örneklere göre 1,9 kat daha fazla dayanım kazandığı görülmektedir. Bağlayıcı oranını %5'ten %6 veya %7'ye yükseltmek, macun dolgunun uzun dönemdeki performansını önemli derecede arttırmıştır (Şekil 7). %5 bağlayıcı oranında hazırlanan macun dolgu örneklerinin 56-360 günlük kür süresi periyodunda yaklaşık olarak %15 dayanım kaybına uğradığı görülmekteyken tam tersine daha yüksek bağlayıcı oranlarında hazırlanan örneklerde aynı kür süresi boyunca ilave dayanım kazanımının olduğu açıkça görülmektedir (Erçıkdı vd., 2009a).

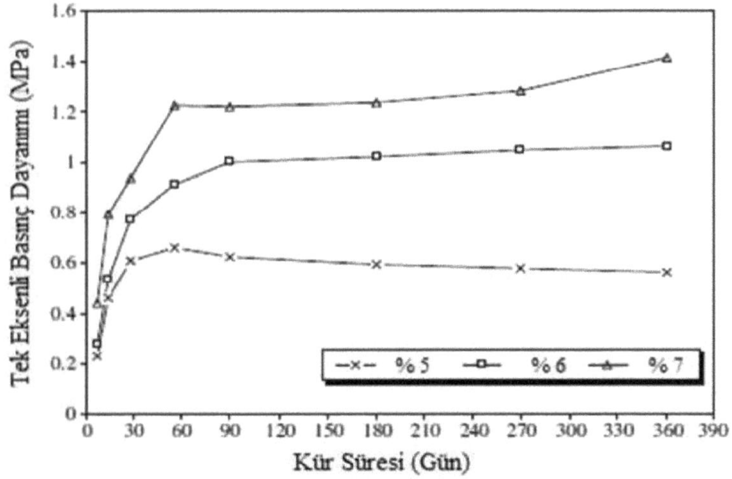

Şekil 7. Bağlayıcı oranının macun dolgu dayanımına etkisi (Erçıkdı vd., 2009a)

Benzaazoua vd. (2006) farklı bağlayıcı oranları (%2, %5 ve %7) ve kür sürelerinde (7, 14, 28, 56 ve 120 gün) yaptıkları çalışmada, 56 günlük kür süresi sonunda %2, %5 ve %7 bağlayıcı ile sırasıyla 200 kPa, 1200 kPa ve 2200 kPa basınç dayanımı elde etmişlerdir. Yılmaz vd. (2011), farklı bağlayıcı oranlarında (%2, %4 ve %6) hazırlamış oldukları yüksek yoğunluklu dolguda kür süresinin artışı ile basınç dayanımının arttığını belirlemişlerdir. Bununla birlikte bağlayıcı oranının %2'den %4 ve %6'ya çıkarıldığında, beklendiği gibi basınç dayanımının kür süresinden bağımsız olarak arttığı açıkça görülmektedir. Mahure vd. (2011) ise beton örnekleri üzerinde yapmış olduğu çalışmada bağlayıcı oranını 257 kg/m^3'ten 425 kg/m^3'e çıkardığında 28 günlük kür süresinde dayanımın %76 arttığını gözlemlemiştir.

Kesimal vd. (2005), iki farklı atık (T1 ve T2) ve iki farklı portland kompoze çimentosu (PKÇ-A ve PKÇ-B) ile yaptıkları çalışmada, bağlayıcı oranının %4'den %7'ye arttırılmasıyla atık ve çimento tipinden bağımsız olarak macun dolgu numunelerinin kısa dönemdeki (28 günlük kür süresi) tek eksenli basınç dayanımlarının arttığını belirtmiştir. Bağlayıcı tipi ve atık mineralojisindeki farklılıklara rağmen, tek eksenli basınç dayanımı ve bağlayıcı oranı arasında genellikle doğrusal bir ilişki vardır (Erçıkdı, 2009). Ayrıca bağlayıcı oranı arttıkça, macun dolgu örneklerinin asit ve sülfat etkisine karşı direnci artmaktadır (Benzaazoua vd., 1999; Fall ve Benzaazoua, 2005). Bağlayıcı oranındaki artış macun dolgu tesisinin işletme maliyetlerini olumsuz yönde etkilemektedir. Son yıllarda macun dolgunun dayanım ve duraylılığını olumsuz yönde etkilemeyecek şekilde bağlayıcı oranının azaltılması için çeşitli çalışmalar yapılmaktadır. Örneğin; Erçıkdı vd. (2013a) atık içerisinden 20 μm altı malzemenin (şlamın) uzaklaştırılmasıyla çimento tüketiminin %20 oranında azaltılabileceğini ortaya koymuştur.

1.2.4.3. Su-Çimento Oranı

Macun dolgunun akıcılığı, macun dolgu hazırlama tesisinden yeraltında yerleştirileceği bölgeye nakli açısından çok önemlidir. Macun dolgunun, istenilen yoğunluğa (kıvam) ulaşması için yeterli miktarda su içermesi istenmektedir. Bununla birlikte su-çimento oranının artması, çimentolu macun dolgunun dayanım gelişimine olumsuz yönde etki etmektedir.

Su içeriğinin artmasına bağlı olarak çimentolu macun dolgunun dayanımının düşmesi, yüksek su miktarlarında hidratasyona uğramış çimentonun, düşük su-çimento oranlarında oluşan çimentoya kıyasla daha zayıf bağlayıcı jelleri oluşturmasından kaynaklanmaktadır. Ayrıca kullanılan bağlayıcının hidratasyon hızı ve kür süresi esnasında su-çimento oranının azalması optimum su-çimento oranını etkilemektedir. Su içeriği düşük bir dolgu, aynı dayanım değerinde yüksek su içeriğine sahip bir dolgudan daha az çimentoya gereksinim duymaktadır (Yılmaz vd., 2003).

Erçıkdı vd. (2009a) %5 bağlayıcı oranı ve farklı su-çimento oranlarında (5,81, 5,97 ve 6,14) hazırlanan macun dolgu numunelerinin 56 günlük kür süresine kadar dayanım kazanımına devam ettiğini belirtmiştir. Fakat 56 günden sonra 360 güne kadar bütün su-çimento oranlarında dayanım kaybı olmuştur. Ayrıca sadece su-çimento oranı 5,81 olan dolgu örnekleri 56 günlük kür süresi sonunda 0,7 MPa dayanım üretmiştir. Su-çimento oranının artması ile ters orantılı olarak düşen dayanım, porozite (gözenek) ve boşluk oranının artması yüzünden macun dolgunun mikroyapısının bozulması ile ilişkilendirilmiştir (Erçıkdı vd., 2009a).

1.2.4.4. Atık Tane Boyut Dağılımı

Macun dolgu hazırlanmasında kullanılan atık malzemenin tane boyut dağılımı, dolgu performansını etkileyen en önemli parametrelerden birisidir. Bu yüzden atık, optimum tane boyut dağılımına sahip olmalı ve her fraksiyon boyutunda gerektiği kadar malzeme içermelidir. Optimum tane boyut dağılımından kasıt, iri tanelerin arasını ince tanelerin doldurması ve çimento ile daha iyi bir etkileşim sağlayacak karışım oluşturulmasıdır (Erçıkdı, 2009). Tane boyut dağılımı, macun dolgunun dayanımını, dolgu içersindeki boşluk oranını, drenaj koşullarını ve dolgunun yeraltına naklini etkilemektedir (Kesimal vd., 2004). Macun dolgu üretiminde kullanılan atık malzemenin macun oluşturabilmesi ve yeraltına taşınabilmesi için 20 μm altı malzeme (şlam) miktarının ağırlıkça en az %15 olması istenmektedir (Kesimal vd. 2003; Kesimal vd. 2004). Atık malzeme içersindeki ince taneli (<20 μm) malzeme miktarı azaldığında macun dolgu örneklerinin toplam gözenekliliği azalmaktadır (Fall vd., 2004). Atık içersinde bulunan 20 μm altı malzeme miktarı arttıkça karışımın su tutma kapasitesi artar ve dolgunun dayanımı olumsuz etkilenir.

20 μm altı malzeme miktarının artması, çimento ile kaplanması gereken yüzey alanını arttırmaktadır. Bu da macun dolgunun dayanımının düşmesine neden olmakta veya istenen dayanımı elde etmek için daha fazla çimento kullanılmasını gerektirmektedir. Aynı su-çimento oranında iri taneli malzeme içeren atıklardan hazırlanan macun dolgu karışımının ince taneli atıklardan hazırlanan karışıma kıyasla daha hızlı dayanım kazanacağı ifade edilmiştir (Erçıkdı, 2009). Fall vd. (2004), 20 μm altı malzeme miktarının %20'den %50'ye çıkartıldığında macun dolgu örneklerinin 28 ve 90 günlük basınç dayanımlarının en yüksek seviyeye ulaştığını belirtmiştir. Fakat %50'den daha fazla ince taneli malzeme içeren macun dolgu örneklerinin dayanımlarında sürekli düşüş gözlenmiştir. Kesimal vd. (2003) referans (sınıflandırılmamış) atıkta yapılan ince boyutlu tanelerin (-20 μm) uzaklaştırılması işleminin macun dolgu örneklerinin basınç dayanımları üzerinde olumlu etkileri olduğunu göstermiştir. Araştırmacılar yaptıkları çalışmada -20 μm boyutlu malzeme içeriği %25 olduğunda en yüksek dayanımın elde edildiğini belirtmişlerdir. Ayrıca sınıflandırılmış atık malzeme ile referans atık malzemeye kıyasla %12-52 arasında daha yüksek basınç dayanımı üretildiğini belirtmişlerdir. Erçıkdı vd. (2013a) iki farklı normal ve sınıflandırılmış atık (Spek ve bornitli atık) ile hazırlamış oldukları macun dolgu örneklerini 14 ve 28 günlük kür sürelerinde basınç dayanımı testine tabii tutmuşlardır. Test sonuçlarına göre her iki atık tipinde sınıflandırılmış atıklar ile hazırlanan örneklerin referans atıklar ile hazırlanan örneklere kıyasla kısa dönemde

(14-28 gün) daha yüksek basınç dayanımı ürettiklerini belirlemişlerdir. Ayrıca 20 μm altı malzeme miktarı daha fazla olan spek atık (-20 μm = 27,7 > 16,1) ile hazırlanan örneklerin bornitli atığa göre 1,60-3,00 kat daha yüksek dayanım ürettiğini belirtmişlerdir.

1.2.4.5. Numune Boyutunun Etkisi

Numune boyutu, kaya ve çimento içerikli (beton) malzemelerin mekanik özelliklerini etkileyebilmektedir. Brace (1981) ve Hoek (2001) numune boyutunun artmasıyla diğer bir ifadeyle numune hacmi arttıkça kaya içerisindeki muhtemel mikro çatlak sayısının ve süreksizliklerin-zayıflık düzlemlerinin artacağını ve dayanımın azalacağını ifade etmişlerdir. Darlington vd. (2011), örnek boyutunun beton örnekleri üzerindeki etkisini araştırmak için 6,35x12,7 cm ve 8,35x16,7 cm (çap x boy) boyutlarında iki farklı beton numunesi hazırlamıştır. Araştırmacılar 28 günlük kür süresi sonunda yaptıkları dayanım testleri sonucunda 6,35x12,7 cm boyutunda hazırlamış oldukları beton örneğinin 8,35x16,7 cm boyutundaki örneğe göre yaklaşık %10 daha fazla dayanım ürettiğini gözlemlemişlerdir.

Felekoğlu ve Türkel (2005), beton örneklerinde numune boyutunun dayanıma etkisini araştırmak için iki farklı boyutta (10x20 cm ve 15x30 cm) numuneler hazırlamışlardır. Araştırmacılar, 10x20 cm (çap x boy) boyutundaki numunelerin 15x30 cm boyutundaki numunelere kıyasla 28 günlük kür süresi sonunda daha yüksek (%3,6-21,8 oranında) dayanım ürettiğini ve bunun nedeninin küçük boyutlu numunelerde "çeper etkisi" nedeniyle iri agrega tanelerinin askıda kalması (kalıba sürtünmeden dolayı) sonucu oluşan düşük kompaksiyondan kaynaklandığı belirtilmiştir. Ayrıca iri taneli malzemelerin boyutu, şekli (yuvarlak ve köşeli olması) ve kenetlenme derecelerinin de dayanım kazanımında etkili olduğu bilinmektedir.

Hassani vd. (2007), üç farklı çimentolu dolgu tipiyle (atık-kum karışımı dolgu, agrega karışımlı dolgu ve kaya dolgu) ve farklı çaplardaki silindirik kaplarla hazırlamış olduğu numunelerin dayanım testlerini yapmışlardır. Kaya dolgu ile hazırlanan örneklerin dayanımı numune boyutunun artmasıyla birlikte azalmıştır. Atık-kum karışımı dolgu ile hazırlanan numunelerin dayanımı ise 15,2 cm çapa sahip numunelere kadar artmış fakat sonrasında örnek boyutunun artmasıyla birlikte azalma göstermiştir. Agrega karışımlı dolgu ile hazırlanan numunelerin dayanımlarında ise örnek boyutu etkisi göz ardı edilebilecek seviyededir.

Çimentolu macun dolgu numunelerinin dayanımlarının belirlenmesinde genellikle 10x20 cm (çap x boy) boyutunda silindirik numune kapları kullanılmaktadır (Benzaazoua vd., 1999; Benzaazoua vd.,2002; Hassani vd., 2001; Kesimal vd., 2004; Fall vd., 2005; Fall vd., 2008; Tariq ve Nehdi, 2007; Yılmaz vd., 2009; Erçıkdı vd., 2010a; Erçıkdı vd., 2010b; Cihangir vd., 2012; Yin vd., 2012). Pratikte, maden operatörleri macun dolgu karışım dizaynlarını 10x20 cm (çap x boy) boyutunda silindirik numune kaplarından elde ettikleri dayanım sonuçlarına göre yapmaktadırlar (Landriault ve Deneka, 2000; Kesimal vd., 2010). Son yıllarda bazı araştırmacılar (Klein ve Simon, 2006; Fall ve Pokharel, 2010; Fall vd., 2010) kullanılan atık malzeme miktarını azaltmak için testlerinde boy/çap oranı = 2/1 oranını korumak suretiyle 5x10 cm (çap x boy) boyutundaki örnekleri kullanmaya başlamışlardır. Fakat numune boyutunun çimentolu macun dolgunun dayanımına etkisinin olabileceğini göz önünde bulundurmamışlardır (Yılmaz vd., 2013). Revell (2004) numune boyutunun çimentolu macun dolgu üzerindeki etkisini araştırmak amacıyla boy/çap oranı = 2/1 oranını korumak suretiyle 10x20 cm ve 4x8 cm (çap x boy) boyutundaki silindirik numune kaplarını kullanarak %6 bağlayıcı oranında numuneler hazırlamış ve 7-28 günlük kür sürelerinde dayanım testine tabii tutmuştur. Test sonuçlarına göre 4x8 cm (çap x boy) boyutundaki numunelerle hazırlamış olduğu örneklerin 7 ve 28 gündeki basınç dayanımları 10x20 cm boyutundaki numunelere kıyasla sırasıyla 1,06 ve 1,10 kat daha yüksek çıkmıştır.

Numune boyutunun macun dolgu dayanımına etkisine yönelik literatürde çok az sayıda çalışma (Revell, 2004; Hassani vd., 2007) bulunmakta olup, detaylı bir çalışma bulunmamaktadır.

1.3. Ultrasonik P- Dalga Hızı Yöntemi

Ultrasonik P- dalga hızı yöntemi ucuz, hasarsız, kolay ve güvenilir olması nedeniyle hem laboratuar hem de arazi koşullarında beton ve kayaç numunelerinin mekanik (dayanım) özelliklerini değerlendirmek için maden, inşaat ve geoteknik mühendisliğinde son yıllarda kullanılan en yaygın tekniklerden birisidir.

Ultrasonik P- dalga hızının bilinmesiyle, P- dalga hızı ile mekanik dayanım arasında ilişki kurularak malzemenin mekanik özelliklerindeki değişimler değerlendirilebilmektedir (Chou vd., 2011). Ultrasonik P- dalga hızı yönteminin kullanımıyla ilgili birçok çalışma bulunmaktadır. Karpuz ve Paşamehmetoğlu (1997) Ankara andezitinin ayrışma derecesini belirlemek için ultrasonik P- dalga hızı yöntemini kullanmıştır. Kahraman (2007) yapı taşlarının levha üretim verimliliği tahmininin ve kalite sınıflamasının P- dalga hızı testi ile kolayca yapılabileceğini belirtmiştir. Diğer araştırmacılar kaya kütlesinde patlatma-parçalanma verimliliğini

(Young vd., 1985; Turk ve Dearman, 1987) ve kayaçların termal iletkenliğini (Özkahraman vd., 2004) belirlemek için laboratuarda P- dalga hızı testleri yapmışlardır. Ayrıca Ultrasonik P- dalga hızı testi, maden tüneli etrafındaki gerilme dağılımının ve tünel kazısından kaynaklı zarar görmüş bölgelerin boyutlarının tahmininde kullanılmıştır (Wright vd., 2000).

Ultrasonik dalga yayılımı başlıca üç dalga formuna ayrılır. Bunlar P- dalga (eksenel-boyuna), S- dalga (kesme) ve R- dalga (Rayleigh) yayılımıdır. P ve S- dalgaları yayılımı numunenin küresel dalga cephesinde hareket ederken, R- dalgası numunenin sadece yüzeyi boyunca hareket eder. P- dalgası en hızlı hareket eder fakat yüzeyde R- dalgasına kıyasla küçük titreşim genliğine sahiptir (Petro Jr. ve Kim, 2012). Ultrasonik test cihazı ile beton veya kaya numunesinin içerisine gönderilen ultrasonik dalgaların numunenin bir yüzeyinden diğer yüzeyine geçme süresi ölçülüp (Şekil 8), P- dalga hızı aşağıdaki eşitlikten yararlanılarak hesaplanmaktadır;

$$V_p = (S / t) \times 10^3 \ (m/s) \qquad (1)$$

Burada,

V_p = Ses üstü dalga hızı (m/s),

S = Numunenin uzunluğu (boyu) (mm),

t = Ultrasonik dalganın bir yüzeyden diğerine ulaşana kadar geçen zaman (μs).

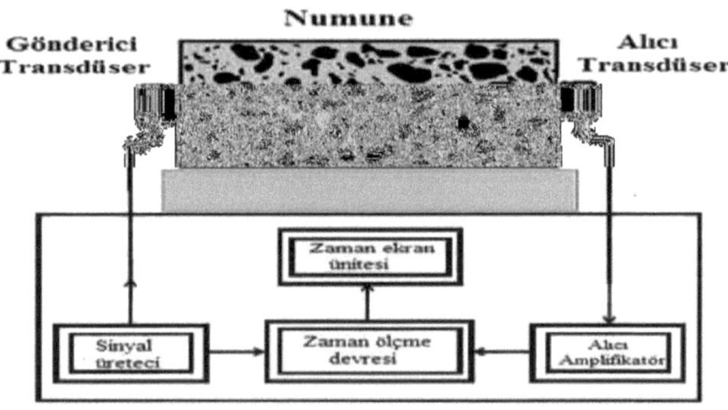

Şekil 8. Ultrasonik P- dalga hızı yönteminin şematik görünümü (Nogueira, 2011)

Ultrasonik dalga hızı yönteminin, sinyal alıcı ve gönderici başlıkların numuneye yerleştirilme şekillerine göre üç farklı uygulama şekli bulunmaktadır (Şekil 9). Bunlar; i) doğrudan iletim (geçiş), ii) yarı doğrudan iletim ve iii) yüzeyden iletimdir (Başka, 2006; Trtnik vd., 2009a; Petro Jr. ve Kim, 2012).

Doğrudan iletim yöntemi (Şekil 9a) en güvenilir ve en doğru sonucu veren metottur. Çünkü alıcıya ulaşan sinyal genliği en yüksektir. Ayrıca bu yöntemde alıcı ve göndericiler arasında sinyal için maksimum enerji aktarılır (Trtnik vd., 2009a;. Petro Jr. ve Kim, 2012).

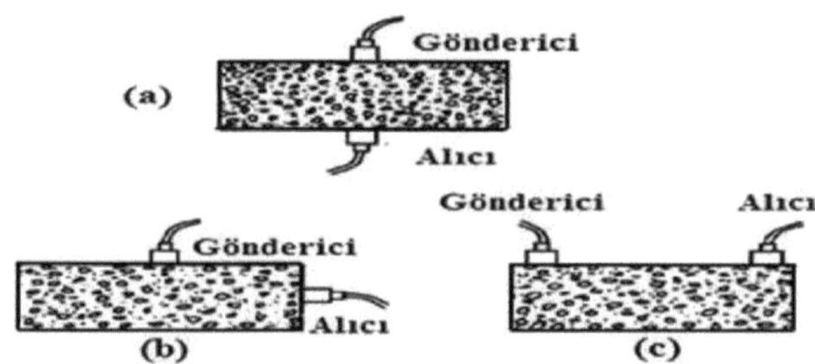

Şekil 9. Beton numunesinde yapılan ultrasonik P- dalga hızı ölçüm yöntemleri; doğrudan iletim (a), yarı doğrudan iletim (b) ve yüzeyden iletim (c) (Başka, 2006)

1.3.1. Ultrasonik P- Dalga Hızını Etkileyen Faktörler

Ultrasonik P- dalga hızı yönteminin kaya ve beton numunelerinde kullanımı oldukça yaygındır. Kaya, beton veya dolgu örneklerini oluşturan bileşenlerin mekanik ve reolojik özellikleri, mikroyapı ve örnek içerisinde dağılmış olan mikro kırıklar (hasarlar) ultrasonik dalga hızını önemli derecede etkilemektedir ve bu faktörler kaya, beton veya dolgu örneklerinin kalite standartlarının değişmesine sebep olabilmektedir (Kim ve Kim, 2009).

Çimentolu yapılarda bağlayıcı miktarı arttıkça genellikle ultrasonik P- dalga hızının arttığı belirtilmektedir. Sountharararajan ve Sivakumar (2012), farklı çimento içeriğine sahip beton örneklerini 1-56 günlük kür süresi aralığında ultrasonik P- dalga hızı testine tabi tutmuşlardır. Araştırmacılar 473 kg/m^3 çimento içeriğine sahip örneklerin P- dalga hızının 3840-4720 m/s, 433 kg/m^3 çimento içeriğine sahip örneklerin P- dalga hızının ise 3200-4610 m/s arasında olduğunu belirtmişlerdir. Galaa vd. (2011), %3 ve %5 bağlayıcı oranında hazırladıkları macun dolgu örneklerini ultrasonik P- dalga hızı testine tabi tutmuşlardır. 168 saat (7 gün) sonunda %3 bağlayıcı oranında hazırlanan macun dolgu numunelerinin P- dalga hızı 820 m/s iken bağlayıcı oranı %5 olan numunelerin P- dalga hızının 900 m/s'ye çıktığını belirtmişlerdir.

Çimentolu yapılarda ultrasonik P- dalga hızını etkileyen bir diğer faktör su-çimento oranıdır. Abo-Qudais, (2005), farklı su-çimento (0,40, 0,45, 0,50 ve 0,55) oranlarında farklı agrega gradasyonları (No: 8, 67, 56 ve 4) kullanarak hazırlamış oldukları beton örnekleri üzerinde 3-90 günlük kür sürelerinde ultrasonik P- dalga hızı ölçümleri yapmıştır. Şekil 10'da görüldüğü üzere, tüm agrega tane boyut dağılımlarında hazırlanan beton örneklerinin su-çimento oranının artmasıyla ultrasonik P- dalga hızı değerlerinin azaldığı belirtilmiştir. Fakat küçük agrega boyutuna sahip gradasyon (NO: 8) ile hazırlanan beton örneklerinin ultrasonik P- dalga hızı değerlerinin, büyük agrega boyutuna sahip gradasyon (No:4) ile hazırlanan beton örneklerinin ultrasonik P- dalga hızı değerlerine göre, su-çimento oranının artması ile birlikte azalmıştır. Bu durumun sebebi, su-çimento oranının artmasıyla birlikte çimento hamuru ve sinyal geçiş bölgesi içerisindeki mikro kırıkların ve kapiler boşlukların artması ve dolayısıyla sinyal geçiş hızının yavaşlaması olarak açıklanmaktadır.

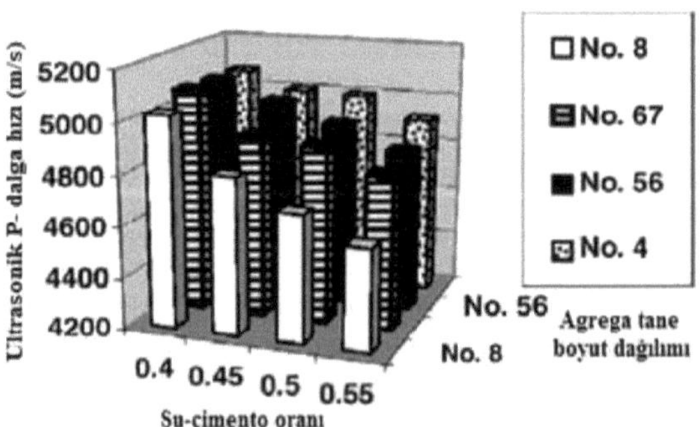

Şekil 10. Farklı su-çimento oranlarında ve agrega tane boyut dağılımlarında hazırlanan beton örneklerinin ultrasonik P- dalga hızına etkisi (Abo-Qudais, 2005)

Lafhaj vd. (2006), farklı su-çimento (su-çimento=0,3-0,6) oranlarında hazırlamış oldukları beton örneklerini ultrasonik dalga hızı testine tabi tuttuklarında, su-çimento oranının azalmasıyla birlikte ultrasonik P- dalga hızı değerlerinin arttığını gözlemlemişlerdir. Türkmen vd. (2003), farklı su-çimento oranlarında (su/çimento=0,35, 0,40 ve 0,45) C1, D1 ve E1 kodlu beton numuneleri hazırlamışlar ve 28 günlük kür süresi sonunda ultrasonik P- dalga hızı testine tabii tutmuşlardır. Yapılan ölçümlere göre C1 (0,35), D1 (0,40) ve E1 (0,45) beton örneklerinin ultrasonik dalga hızları sırasıyla 4340 m/s, 4320 m/s ve 4200 m/s olarak bulunmuştur. Test sonuçlarından su-çimento oranının azalmasının ultrasonik dalga hızını arttırdığı belirlenmiştir. Benzer şekilde Trtnik vd. (2009b) daha yüksek su-çimento oranına sahip beton örneklerinin daha düşük P- dalga hızı değerlerine sahip olduğunu ve en yüksek P- dalga hızını (3,5 km/s) en düşük su-çimento oranında (w/c: 0,35) hazırlanan beton numunelerinin sağladığını belirtmiştir (Şekil 11).

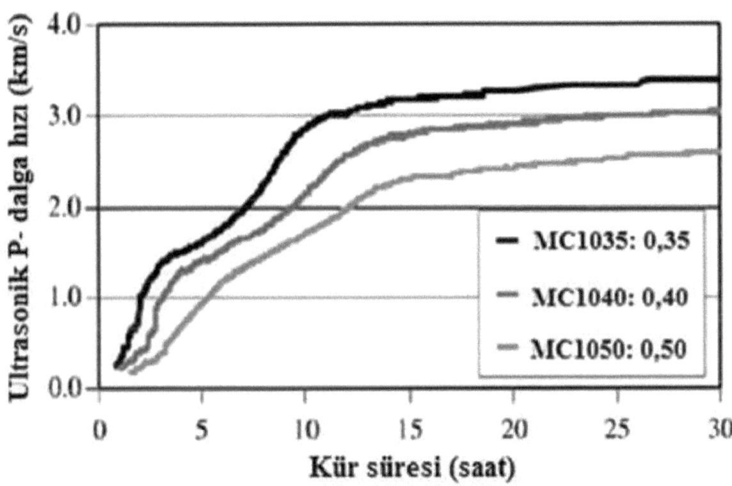

Şekil 11. Farklı su-çimento oranında hazırlanan beton örneklerinin ultrasonik P- dalga hızına etkisi (Trtnik vd., 2009b)

Çimentolu yapıların (beton ve harç vb.) basınç dayanımlarının doğrudan veya dolaylı olarak belirlenmesinde ultrasonik P- dalga hızı yöntemi yaygın bir şekilde kullanılmasına ve başarılı sonuçlar elde edilmesine rağmen malzeme içeriği homojen olmayan kayaç örneklerinin basınç dayanımlarını tam olarak değerlendirmek oldukça zordur (Nogueira, 2011). Ayrıca ultrasonik P- dalga hızı ölçümü ile kaya ve betonun mekanik dayanımının dolaylı tahminine yönelik çok sayıda çalışma bulunmasına rağmen macun dolgunun mekanik performansının tahmininde P- dalga hızının kullanımıyla ilgili çalışma bulunmamaktadır.

2. DENEYSEL ÇALIŞMALAR

2.1. Giriş

Bağlayıcı oranı, su-çimento oranı, bağlayıcı tipi ve tane boyut dağılımı gibi parametreler kullanılarak numune boyutunun macun dolgu dayanımı ve ultrasonik P-dalga hızı üzerindeki etkilerini araştırmak için bir dizi deneysel çalışma yapılmıştır. Yapılan deneysel çalışmalarda farklı pirit içeriğine sahip 2 farklı cevher hazırlama tesis atığı ve baraj atığı, farklı özelliklerdeki çimentolar (Portland çimento, CEM I 42,5R; yüksek fırın cürufu çimento, CEM III/A 42,5N; ve sülfata dayanıklı çimento, SDÇ 32,5), boy/çap oranı = 2/1 olan iki farklı boyuta sahip (10x20 cm ve 5x10 cm, çap x boy) drenajlı silindirik numune kapları ve musluk suyu kullanılmıştır.

Deneysel çalışmalarda;

I. Numune boyutunun farklı karışım özelliklerinde (bağlayıcı tipi, oranı ve su-çimento oranı) hazırlanan macun dolgu dayanımı ve ultrasonik dalga hızına etkisi incelenmiştir (Tablo 1-3),

II. Bağlayıcı tipi ve oranı, 20μm altı malzeme miktarı ve su-çimento oranı gibi faktörlerin farklı karakteristik (fiziksel, kimyasal ve mineralojik açıdan) özelliğe sahip atıklardan üretilen macun dolgu performansına etkisi değerlendirilmiştir (Tablo 1-3),

III. Macun dolgu dayanımı ile ultrasonik P- dalga hızı arasındaki ilişki istatistiksel olarak incelenmiş ve dolgu dayanımının P- dalga hızı ölçümü ile dolaylı olarak tahmin edilebilirliği araştırılmıştır.

Tablo 1. Bağlayıcı ve su-çimento oranının etkisini araştırmak amacıyla bakır, pirit ve baraj atığı kullanılarak hazırlanan macun dolgu numunelerinin deneysel özellikleri

Bağlayıcı tipi: CEM III/A 42,5N Toplam Numune Sayısı (360)		Slamp Değeri (cm)	Bağlayıcı Oranı (Ağ.%)	Kür Süresi (Gün)
10x20 cm	5x10 cm			
108	108	19,05	5,0 6,0 7,0	7-56
72	72	16,51, 21,59	7,0	

Tablo 2. Bağlayıcı tipinin etkisini araştırmak amacıyla bakır, pirit ve baraj atığı kullanılarak hazırlanan macun dolgu numunelerinin deneysel özellikleri

Toplam Numune Sayısı (216)			Slamp Değeri (cm)	Bağlayıcı Oranı (Ağ.%)	Kür Süresi (Gün)
Çimento Tipi	10x20 cm	5x10 cm			
CEM I 42,5R	36	36			
CEM III/A 42,5N	36	36	19,05	7,0	7-56
SDÇ 32,5	36	36			

CEM I 42,5R: Portland çimento; **CEM III/A 42,5N:** Yüksek fırın cüruflu çimento; **SDÇ 32,5:** Sülfata dayanıklı çimento

Tablo 3. 20 μm altı malzeme miktarının etkisini araştırmak amacıyla sadece baraj atığı kullanılarak hazırlanan macun dolgu numunelerinin deneysel özellikleri

Bağlayıcı tipi: CEM III/A 42,5N Toplam Numune Sayısı (48)			Slamp Değeri (cm)	Bağlayıcı Oranı (Ağ.%)	Kür Süresi (Gün)
20μm altı malzeme miktarı (Ağ.%)	10x20 cm	5x10 cm			
% 58,42	12	12	19,05	7,0	7-56
% 35,04	12	12			

2.2. Atık Malzeme

Atık malzemeler; Eti bakır Kastamonu – Küre işletmesi cevher hazırlama tesisi çıkışından ve atık barajından alınmış ve 500 kg kapasiteli varillere doldurularak Macun Dolgu Laboratuarına getirilmiştir (Şekil 12).

Cevher zenginleştirme işlemi sonucu oluşan atık içerisindeki pirit bazen geri kazanılarak piyasaya verilmektedir. İçerisinden pirit kazanılmış atık pirit atık, piriti alınmamış atık ise bakır atık olarak adlandırılmıştır. Her iki atık malzeme atık barajına depolanmaktadır. Atık barajında yaklaşık 15-17 milyon ton atık malzeme bulunmaktadır. Baraj atığı olarak tanımlanan atık malzeme baraja atık boşaltım noktasından 40 m uzaklıktan alınmıştır.

Şekil 12. Atık malzemelerin cevher hazırlama tesis çıkışından ve atık barajından alınması ve varillere doldurulması

Malvern Mastersizer ile atıklar üzerinde yapılan tane boyut dağılımı analizi sonuçlarına göre 20 μm altı malzeme miktarları pirit atık için ağırlıkça %48,41, bakır atık için %44,79, baraj atığı için %58,42 ve sınıflandırılmış baraj atığı için %35,04 olarak belirlenmiştir (Şekil 13). 20μm altı malzeme miktarlarına göre pirit ve bakır atık orta boyutlu (-20μm: %35-60) macun dolgu malzemesi sınıfına girmekte iken baraj atığı ince taneli (-20μm: %58,42 < %60) atık malzeme sınıfı ve sınıflandırılmış baraj atığı ise iri taneli atık malzeme (-20μm: %15-35) sınıfı sınırında bulunmaktadır. İyi bir tane boyut dağılımına sahip malzemenin her boyuttan yeterli miktarda tane içermesi ve üniformluk katsayısının (C_u) 4-6, eğrilik katsayısının (C_c) ise 1-3 arasında olması istenir (Annor, 1999; Erçıkdı, 2009). Bu çalışmada kullanılan atık malzemelerin tane boyut dağılımı analiz sonuçlarına göre C_u değerlerinin; bakır atık: 14, pirit atık: 16, baraj atığı: 11 ve sınıflandırılmış baraj atığı: 6,54, C_c değerlerinin ise sırasıyla 1,14; 1,00; 0,99 ve 1,17 olduğu görülmektedir (Tablo 4). C_u ve C_c

değerlerine göre sınıflandırma (şlam uzaklaştırma) işleminin atığın tane boyut dağılımında iyileştirme sağladığı anlaşılmaktadır.

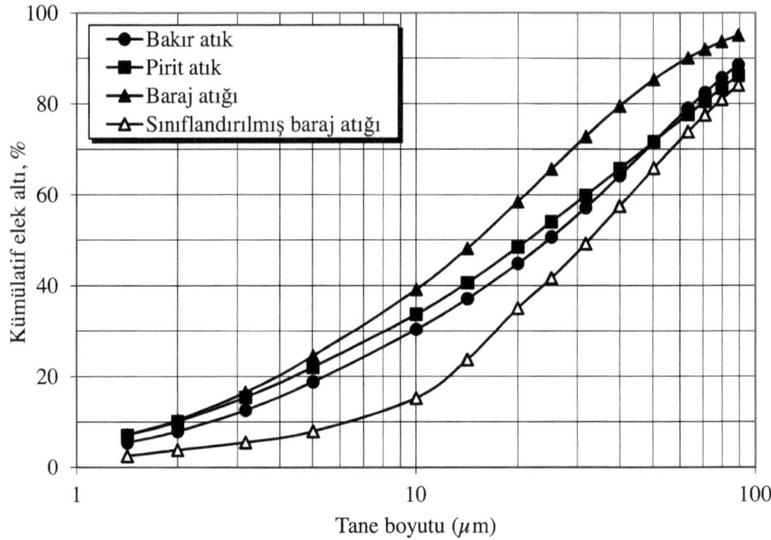

Şekil 13. Deneysel çalışmalarda kullanılan atık malzemelerin tane boyut dağılımları

Atık malzemelerin kimyasal bileşimini belirlemek için spektrofotometre ve atomik adsorbsiyon spektrometre (AAS) yöntemleri kullanılmış ve sonuçlar Tablo 4'de verilmiştir. Atık malzemelerin kimyasal bileşimlerine bakıldığında dört atık tipinde de baskın olarak demir (III) oksit (Fe_2O_3), silisyum dioksit (SiO_2) minerali bulunduğu ve pirit atık dışındaki atıkların sülfür (S) içeriğinin yüksek olduğu görülmektedir. Atık malzemelerin X- ışınları difraktometre (XRD) cihazı kullanılarak elde edilen mineralojik bileşimlerine bakıldığında genel olarak bütün atıklar içerisinde kuvars, muskovit, albit, klorit gibi silikat grubu minerallerinin ve baskın olarak pirit (FeS_2) mineralinin bulunduğu görülmektedir. Ayrıca sınıflandırılmış baraj atığında diğer atıklardan farklı olarak ankerit minerali bulunmaktadır (Tablo 5, Ek Şekil 1-4).

Tablo 4. Atık malzemelerin fiziksel ve kimyasal özellikleri

Özellikler	Bakır atık (%)	Pirit atık (%)	Baraj atığı (%)	Sınıflandırılmış baraj atığı (%)
Kimyasal bileşim				
SiO_2	19,83	31,68	25,80	21,21
Al_2O_3	5,59	9,13	6,68	5,42
Fe_2O_3	45,43	33,06	39,83	45,43
MgO	2,30	3,99	2,14	2,21
CaO	2,20	3,50	2,79	1,64
Na_2O	0,36	0,79	0,35	0,24
K_2O	0,29	0,38	0,42	0,31
TiO_2	0,39	0,67	0,43	0,38
P_2O_5	0,03	<0,01	0,03	0,03
MnO	0,07	0,08	0,06	0,05
Cr_2O_3	0,023	0,035	0,02	0,017
Kızdırma kaybı	22,7	16,0	20,6	21,9
Toplam	99,21	99,33	99,15	98,84
Sülfür içeriği (S^{-2}) (%)	29,12	16,88	23,18	27,82
Pirit içeriği (FeS_2) (%)	54,60	31,65	43,47	52,16
Fiziksel özellikler				
Özgül ağırlık (g/cm^3)	3,87	3,37	3,66	3,81
Özgül yüzey alanı (cm^2/g)	3110	4440	4630	1810
Eğrilik katsayısı ($C_c=(D_{30})^2/(D_{10} \times D_{60})$)	1,14	1,00	0,99	1,17
Üniformluk katsayısı ($C_u=(D_{60}/D_{10})$)	14	16	11	6,54

Tablo 5. Atık malzemelerin mineralojik bileşimleri

Atık tipi	Mineral	Bileşim
Bakır atık	Pirit	FeS_2
	Kuvars	SiO_2
	Muskovit	$(K,Na)Al_2(Si,Al)_4O_{10}(OH)_2$
	Albit	$(Na,Ca)Al(Si,Al)_3O_8$
	Klorit	$(Mg,Al,Fe)_6(Si,Al)_4O_{10}(OH)_8$
	Kalsit	$CaCO_3$
Pirit atık	Pirit	FeS_2
	Kuvars	SiO_2
	Albit	$(Na,Ca)Al(Si,Al)_3O_8$
	Kalsit	$CaCO_3$
	Klorit	$(Mg,Al,Fe)_6(Si,Al)_4O_{10}(OH)_8$
Baraj atığı	Pirit	FeS_2
	Kuvars	SiO_2
	Kalsit	$CaCO_3$
	Albit	$(Na,Ca)Al(Si,Al)_3O_8$
	Muskovit	$(K,Na)Al_2(Si,Al)_4O_{10}(OH)_2$
	Klorit	$(Mg,Al,Fe)_6(Si,Al)_4O_{10}(OH)_8$
Sınıflandırılmış baraj atığı	Pirit	FeS_2
	Kuvars	SiO_2
	Ankerit	$Ca(Fe, Mg)(CO_3)_2$
	Kalsit	$CaCO_3$
	Klorit	$(Mg,Al,Fe)_6(Si,Al)_4O_{10}(OH)_8$

Atık malzemelerin özgül ağırlık ve özgül yüzey alanı testleri piknometre ve yüzey alanı ölçer cihazı ile yapılmıştır. Atık malzemelerin özgül ağırlıkları 3,37 - 3,87 g/cm^3 arasında değişmektedir. Atık malzemelerin yüzey alanları incelendiğinde, atık malzemenin sınıflandırılmasıyla (şlamın uzaklaştırılmasıyla) sınıflandırılmış baraj atığının yüzey alanının azaldığı görülmektedir (Tablo 4).

2.3. Bağlayıcı Malzeme

Bağlayıcı oranı, su-çimento oranı ve 20 μm altı malzeme miktarının dolgu dayanımı ve ultrasonik P- dalga hızına etkisini araştırmak amacıyla yapılan deneysel çalışmalarda bağlayıcı olarak; Karçimsa'dan temin edilen yüksek fırın cüruflu çimento (CEM III/A 42,5N) kullanılmıştır. Ayrıca bağlayıcı tipinin etkisini araştırmak amacıyla Akçansa çimento fabrikasından temin edilen Portland çimentosu (CEM I 42,5R) ve sülfata dayanıklı çimento (SDÇ 32,5) kullanılmıştır. Deneysel çalışmalarda kullanılan bağlayıcı malzemelere ait fiziksel, kimyasal ve mineralojik özellikler Tablo 6'da verilmiştir.

Tablo 6. Kullanılan bağlayıcıların fiziksel, kimyasal ve mineralojik özellikleri

Özellikler	CEM I 42,5R (%)	CEM III/A 42,5N (%)	SDÇ 32,5 (%)
Kimyasal bileşim			
SiO_2	20,57	27,58	20,88
Al_2O_3	4,81	7,04	3,84
Fe_2O_3	3,67	2.37	4,52
MgO	1,35	3,91	1,49
SO_3	2,97	2,91	2,84
CaO	65,27	52,75	64,56
Na_2O	0,41	0,25	0,31
K_2O	0,85	1,06	0,67
TiO_2	0,45	0,40	0,33
P_2O_5	0,13	0,03	0,10
MnO	0,11	1,00	0,12
Cr_2O_3	0,075	0,015	0,177
Serbest CaO	1,19	-	0,43
Kızdırma kaybı	2,1	2,8	2,8
Toplam	99,90	99,87	99,87
Fiziksel özellikler			
Özgül ağırlık (g/cm^3)	3,14	3,08	3,27
Özgül yüzey (cm^2/g)	4335	4260	3170
Mineralojik bileşim			
C_3S	58,44	-	61,96
C_2S	14,95	-	13,18
C_3A	6,54	-	2,54
C_4AF	11,16	-	13,74
Mineral katkı içeriği (%)	-	35,00	-

Bağlayıcı malzemelerin tamamı (CEM I 42,5R, CEM III/A 42,5N ve SDÇ 32,5) fiziksel açıdan yeterli inceliğe ($\geq$3000 cm^2/g) sahiptir (Tablo 6). Bağlayıcı malzemelerin asit ve sülfat etkisine karşı direnç göstermesinde, bağlayıcı malzemelerin fiziksel, kimyasal ve mineralojik özellikleri (C_3A, C_3S/C_2S ve SiO_2/CaO oranı) önemli rol oynamaktadır. Yüksek C_3A içeriği, C_3S/C_2S oranı ve düşük SiO_2/CaO oranına sahip bağlayıcı malzemelerin asit ve sülfat etkisine karşı dayanıksız olduğu belirtilmektedir (Hossain ve Lachemi, 2006; Şahmaran vd., 2007). Bu bağlamda kullanılan Portland çimentosunun (CEM I 42,5R) 28 günlük mekanik dayanımının yüksek olmasına karşın yüksek C_3A içeriğine ve düşük SiO_2/CaO oranına sahip olmasından dolayı asit ve sülfat etkisine karşı dayanıksız olabileceği olasıdır. Bu nedenle sülfata dayanıklı çimentonun (SDÇ 32,5) kullanılması asit ve sülfat etkisine karşı dolgunun duraylılığını korumasında daha faydalı olacaktır. Ayrıca, deneysel çalışmalarda kullanılan yüksek fırın cüruflu çimento (CEM III/A 42,5N) yaklaşık %35 oranında puzolanik özelliğe sahip mineral (granüle yüksek fırın cürufu) içermektedir. Bu sayede bağlayıcı içerisindeki puzolanik özelliğe sahip mineraller ortamdaki sülfat (SO_4^{-2}) ile reaksiyona girerek ikincil alçıtaşı minerali oluşumuna yol açacak portlanditin puzolanik reaksiyonla tüketilmesini ve ilave C-S-H oluşumunu sağlayarak bağlayıcı performansını arttırmaktadır. Ayrıca ilave C-S-H oluşumunun dolgunun mikroyapısını iyileştirmek suretiyle dolgunun uzun dönemdeki dayanım ve duraylılığına olumlu etki etmesinin yanı sıra bağlayıcı maliyetlerini de düşürmektedir.

2.4. Atık Malzemelerin Reolojik Özellikleri

Atık malzemeler için ASTM C 143 (2008) standardına göre 15,24-22,86 cm slamp (akışkanlık) değeri aralığında slamp ölçümleri yapılmış ve slamp değerlerine karşılık gelen katı ve su oranları (%) belirlenmiştir (Şekil 14). Malzemenin slamp değerini belirlemek için ilk olarak, 12 inch (30,48 cm)'lik standart slamp konisinin 1/3'lük kısmı karıştırıcıdan alınan pulp halindeki malzeme ile doldurulmuş ve malzeme içerisindeki boşlukların giderilmesi amacıyla şişleme çubuğu ile tüm yüzeyi kapsayacak şekilde 25 defa şişleme yapılmıştır. Daha sonra slamp konisinin 2/3'lük kısmı macun dolgu karışımı ile doldurulmuş ve tüm yüzey şişleme çubuğuyla bir önceki seviyenin 2,54 cm (1 inch) derinliğine kadar gelecek şekilde 25 defa şişleme yapılmıştır. Son olarak, slamp konisinin tamamı doldurularak şişleme işlemi ikinci aşamada uygulandığı şekilde tekrarlanmıştır. Slamp konisinden taşan malzemeler alınarak slamp konisinin üzeri düzeltilmiş ve slamp konisinin üst kalıplarından tutularak sabit bir hızda yüzeye dik şekilde kaldırılmıştır. Malzeme boşaltıldıktan sonra slamp konisi malzeme yığını yanına konularak şişleme çubuğu yere paralel olacak şekilde koni üzerine yerleştirilmiştir. Numune yığınının üst kısmı ile şişleme çubuğunun alt tarafı arasında kalan mesafe ölçülmüş, eğer malzeme yığını üzerinde alçak ve yüksek noktalar varsa bu noktalardan ölçüm alınarak ortalama değer, slamp değeri olarak adlandırılmıştır.

Slamp değerleri belirlenen her bir atık malzemeden 1kg örnek alınarak 8 saat boyunca 105^0C'de etüvde kurutulmuş ve atık örneklerinin katı oranı ve su içeriği belirlenmiştir. Elde edilen sonuçlara göre katı oranı arttıkça atık malzemelerin slamp değerlerinin azaldığı belirlenmiştir (Şekil 14). Atık malzemelerinin 19,05 cm slamp değerlerine karşılık gelen katı oranları; bakır atık: %77,25, pirit atık: %74,71, baraj atığı: %74,58 ve sınıflandırılmış baraj atığı %80,17 olarak ölçülmüştür. Buna göre; sınıflandırılmış baraj atığı kullanılması durumunda aynı akışkanlık ve hacimde daha fazla atığın yeraltında depolanabileceği anlaşılmaktadır.

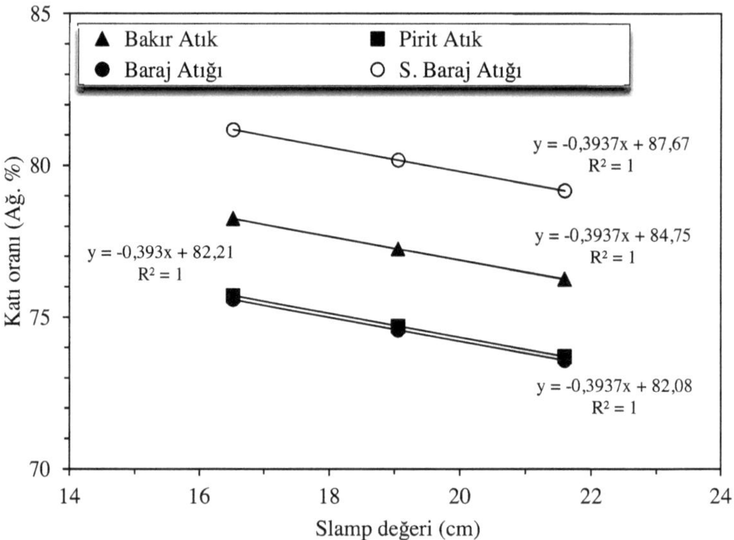

Şekil 14. Deneysel çalışmalarda kullanılan atık malzemelerin katı oranı-slamp değeri değişimi

2.5. Macun Dolgu Numunelerinin Hazırlanması

Atık malzemeler (Bakır atık, Pirit atık ve Baraj atığı), bağlayıcı malzeme ve karışım suyu kullanılarak %5-7 çimento oranı ve 16,51-21,59 cm slamp değerleri aralığında macun dolgu numuneleri hazırlanmış ve daha sonra %80 nem oranına ve 20^{0}C sıcaklığa sahip macun dolgu kür odasında 7, 14, 28 ve 56 günlük kür sürelerinde bekletilmiştir. Bağlayıcı malzeme (çimento) karışıma, deneylerde kullanılan slamp değerlerine karşılık gelen katı oranlarına göre hesaplanarak ilave edilmiştir. Macun dolgu karışımının istenen akışkanlığa (kıvama) gelmesi için karışım içerisine gerekli miktarda musluk suyu ilave edilmiştir. Karışımın (atık malzeme, bağlayıcı ve su) homojen bir şekilde hazırlanması için 20,8 lt kapasiteli Univex SRMF 20 model mikser kullanılmıştır (Şekil 15a). Karıştırma işlemi 105 devir/dk'lık dönme hızında 7 dakika süreyle yapılmıştır. Macun dolgu numunelerinin hazırlanmasında kullanılan deneysel çalışma koşulları Tablo 7-9'de verilmiştir.

Tablo 7. Bağlayıcı oranı ve su-çimento oranının etkisini araştırmak için kullanılan deneysel çalışma koşulları

	Katı oranı, (KO)[1], Ağr. %			Bağlayıcı oranı (BO)[2], Ağr. %			Su/çimento oranı (w/c)[3]			Slamp (cm)		
	Bakır atık	Pirit atık	Baraj atığı	Bakır atık	Pirit atık	Baraj atığı	Bakır atık	Pirit atık	Baraj atığı	Bakır atık	Pirit atık	Baraj atığı
Bağlayıcı oranı					5,0		5,89	6,77	6,82			
	77,25	74,71	74,58		6,0		4,91	5,64	5,68		19,05	
					7,0		4,21	4,84	4,87			
Su/çimento oranı	78,25	75,71	75,58				3,97	4,58	4,62		16,51	
	77,25	74,71	74,58		7,0		4,21	4,84	4,87		19,05	
	76,25	73,71	73,58				4,45	5,10	5,13		21,59	

1 $KO: \frac{100 \times (M_{kuru-atık} + M_{kuru-bağlayıcı})}{(M_{kuru-atık} + M_{kuru-bağlayıcı} + M_{su})}$; 2 $BO: \frac{100 \times (M_{kuru-bağlayıcı})}{(M_{kuru-bağlayıcı} + M_{kuru-atık})}$; 3 $w/c: \frac{M_{su}}{M_{kuru-bağlayıcı}}$; (M: Ağırlık)

Tablo 8. Bağlayıcı tipinin etkisini araştırmak için kullanılan deneysel çalışma koşulları

Bağlayıcı tipi	Katı oranı, (KO)[1], Ağr. %			Bağlayıcı oranı (BO)[2], Ağr. %			Su/çimento oranı (w/c)[3]			Slamp (cm)		
	Bakır atık	Pirit atık	Baraj atığı	Bakır atık	Pirit atık	Baraj atığı	Bakır atık	Pirit atık	Baraj atığı	Bakır atık	Pirit atık	Baraj atığı
CEM I 42,5R CEM III/A 42,5N SDÇ 32,5	77,25	74,71	74,58		7,0		4,21	4,84	4,87		19,05	

$1\ KO: \frac{100 \times (M_{kuru-atık} + M_{kuru-bağlayıcı})}{(M_{kuru-atık} + M_{kuru-bağlayıcı} + M_{su})}$; $2\ BO: \frac{100 \times (M_{kuru-bağlayıcı})}{(M_{kuru-bağlayıcı} + M_{kuru-atık})}$; $3\ w/c: \frac{M_{su}}{M_{kuru-bağlayıcı}}$; *(M: Ağırlık)*

Tablo 9. 20 μm altı malzeme miktarının etkisini araştırmak için kullanılan deneysel çalışma koşulları

Atık tipi	20 μm altı malzeme miktarı (Ağr. %)	Katı oranı, (KO)[1], Ağr. %	Bağlayıcı oranı (BO)[2], Ağr. %	Su/çimento oranı (w/c)[3]	Slamp (cm)
Baraj atığı	58,42	74,58	7,0	4,87	19,05
Sınıflandırılmış Baraj atığı	35,04	80,17		4,38	

$1\ KO: \frac{100 \times (M_{kuru-atık} + M_{kuru-bağlayıcı})}{(M_{kuru-atık} + M_{kuru-bağlayıcı} + M_{su})}$; $2\ BO: \frac{100 \times (M_{kuru-bağlayıcı})}{(M_{kuru-bağlayıcı} + M_{kuru-atık})}$; $3\ w/c: \frac{M_{su}}{M_{kuru-bağlayıcı}}$; *(M: Ağırlık)*

Şekil 15. Macun dolgu karışımında kullanılan mikser (a) ve macun dolgu örneklerinin drenaj işlemi (b)

Hazırlanan macun dolgu karışımı 5x10 cm ve 10x20 cm (çap x boy) boyutlarındaki drenajlı silindirik numune kalıplarına dökülmüştür (Şekil 15b). Yeraltı üretim boşluklarına yerleştirilen macun dolgu malzemelerindeki gibi serbest drenaj koşullarının sağlanabilmesi için her iki boyuttaki numune kalıplarının alt tarafında delikler mevcut olup drenaj koşulları aynıdır. Her bir kür süresi için 3 adet 5x10 cm boyutunda ve 3 adet 10x20 cm boyutunda olmak üzere 6 adet numune hazırlanmıştır. Her iki numune boyutunda, çimento tipinin etkisinin araştırılması amacıyla 216, bağlayıcı oranı ve su/çimento oranının etkisinin belirlenmesi için 360 ve 20 μm altı malzeme miktarının etkisi araştırmak için 24 olmak üzere toplam 600 adet numune hazırlanmıştır.

2.6. Ultrasonik P- Dalga Hızı Testi

Her iki boyutta (5x10 cm ve 10x20 cm) hazırlanan toplam 600 silindirik macun dolgu numunesinin ultrasonik P- dalga hızı testleri, önceden belirlenen kür süreleri (7, 14, 28 ve 56 gün) sonunda ASTM C 597 (2009) standartlarına uygun olarak 0,1 μs hassaslıkta sinyal süresine ve 54 kHz sinyal frekansına sahip Pundit-Plus model test cihazı ile yapılmıştır (Şekil 16). Test işleminden önce numunelerin alt ve üst yüzeyleri düzeltilerek temizlenmiş ve pürüz kalmamasına özen gösterilmiştir. Numunelerin boyu (uzunluk) 0,1 mm hassaslığa sahip kumpas ile ölçülerek kaydedilmiştir. Daha sonra ölçüm yapılacak numunenin alt ve üst yüzeyleri ile alıcı ve gönderici jeofon arasında sağlıklı bir bağlantı kurmak ve hava boşluklarını engellemek için jeofonların yüzeyleri vazelin ile kaplanmıştır. Test yöntemi olarak daha güvenli olduğu ve doğru sonuçlar verdiği için doğrudan iletim (geçiş) tekniği kullanılmış ve numunelere temas ettirilen gönderici ve alıcı jeofonlara herhangi bir baskı uygulanmamıştır. Alınan okumalar sonucunda en düşük geçiş süresi test sonucu olarak kaydedilerek Eşitlik 1 yardımıyla ultrasonik P- dalga hızı belirlenmiştir (Trtnik vd., 2009a).

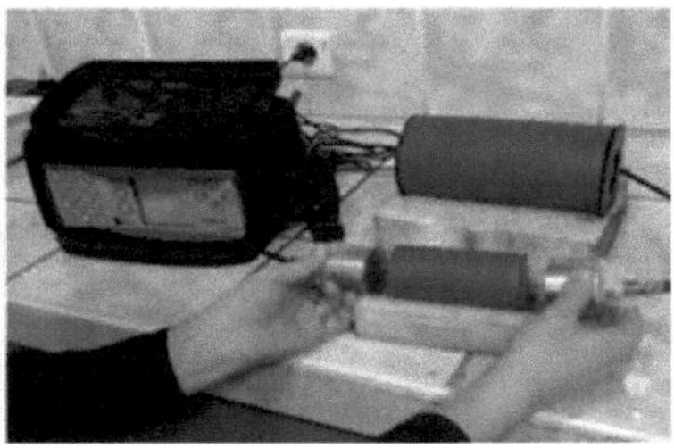

Şekil 16. Ultrasonik P- dalga hızı testi öncesi macun dolgu örnekleri (a), ultrasonik P- dalga hızı test işlemi (b)

2.7. Tek Eksenli Basınç Dayanımı Testi

Toplam 600 adet silindirik macun dolgu numunesinin tek eksenli basınç dayanımı testi önceden belirlenen kür süreleri sonunda yük kapasitesi 50 kN ve 0,5 mm/dk'lık bir yükleme hızına sahip ELE marka bilgisayar kontrollü basınç ve deformasyon ünitesinde ASTM C 39 (2012) tarafından önerilmiş yönteme göre gerçekleştirilmiştir (Şekil 17). Her iki boyuttaki silindirik numunelerin boy/çap oranı = 2/1 olup, numunelerin alt ve üst yüzeyleri deney öncesi düzeltilmiştir. Her bir boyut ve kür süresi için 3 adet numune test edilmiş ve sonuçlar bu numunelerden elde edilen değerlerin ortalaması olarak alınmıştır.

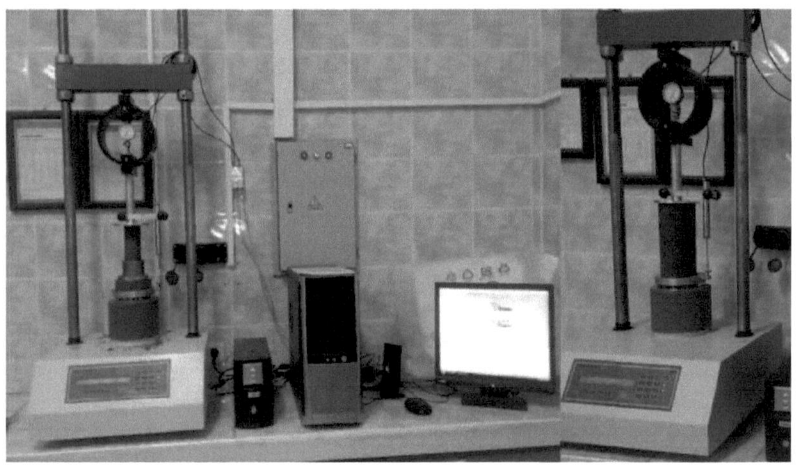

Şekil 17. Bilgisayar kontrollü tek eksenli basınç dayanımı test cihazı ve iki farklı boyuttaki örneklerin görünümü

2.8. *t*- Testi (Korelasyon Testi) ve F-Test (ANOVA-Regresyon Testi)

Ultrasonik P- dalga hızı ve tek eksenli basınç dayanımı testleri sonucunda elde edilen verilerin istatistiksel olarak aralarında nasıl bir ilişki olduğunu belirlemek için

Microsoft Excel ve SPSS 11.5 programları kullanılmıştır. Bu bağlamda ilk olarak Excel yardımıyla çizilen T.E.B.D-V_P ilişkisine ait korelasyon katsayıları (r) hesaplanmış ve korelasyon katsayılarının anlamlı olup olmadığı SPSS 11.5 programı içerisinde yer alan *t*- testi (korelasyon testi) ile test edilmiştir. Bu test kapsamında program yardımıyla hesaplanan *t*- değeri (t_{hesap}) ile Ek Tablo 3'te verilen kritik *t*-değerleri (t_{tablo}) karşılaştırılmıştır (Tüysüz ve Yaylalı-Abanuz, 2012). Ayrıca T.E.B.D-V_P ilişkisine ait grafiklerden elde edilen eşitliklerin anlamlı olup olmadığını belirlemek için SPSS 11.5 programı yardımıyla F- testi (regresyon testi) yapılmıştır. Bu test hesaplanan F- değeri (F_{hesap}) ile Ek Tablo 4'de verilen kritik F- değerlerinin (F_{tablo}) karşılaştırılması esasına dayanmaktadır

Her iki test için de grafiklerdeki veri sayısına göre aşağıdaki eşitlik ile serbestlik dereceleri belirlenmiş ve % 95 güven aralığı ($\alpha<0,05$) seçilerek hipotezler kurulmuştur.

$$S_d = n - 1 \quad (2)$$

S_d: Serbestlik derecesi

n: Veri sayısı

3. BULGULAR VE TARTIŞMA

3.1. Numune Boyutunun Basınç Dayanımına Etkisinin Değerlendirilmesi

3.1.1. Bağlayıcı Oranının Etkisi

Pirit, bakır ve baraj atığı malzemeleri kullanılarak %5, %6 ve %7 bağlayıcı (CEM III/A 42,5N) oranında, boy/çap oranı = 2/1 olan iki farklı numune boyutunda (10x20 cm ve 5x10 cm) hazırlanan silindirik macun dolgu numunelerinin 7-56 günlük kür süresi aralığındaki tek eksenli basınç dayanımı sonuçları ve küçük boyutlu (5x10 cm) numunelerin dayanım değerlerinin büyük boyutlu (10x20 cm) numunelerin dayanım değerlerine bölünmesiyle ($T.EB.D_{5x10}/TEBD_{10x20}$) elde edilen k değerleri Şekil 18-20'de verilmiştir.

Farklı atık malzemeler ile hazırlanan macun dolgu numunelerinin basınç dayanımlarının numune boyutundan bağımsız olarak bağlayıcı oranının ve kür süresinin artmasıyla birlikte arttığı görülmektedir (Şekil 18a, 19a ve 20a). Bu çalışmada bulunan sonuçlar Benzaazoua vd. (2006), Mahure vd., (2011) ve Yılmaz vd. (2011) ile uyumludur. Bütün bağlayıcı oranları ve kür sürelerinde, küçük boyutlu (5x10 cm) macun dolgu örnekleri, büyük boyutlu (10x20 cm) örneklere göre daha yüksek basınç dayanımı üretmiştir. Her iki numune boyutunda da bağlayıcı oranı %5'ten %7'ye çıkarıldığında basınç dayanımının ortalama 1,41-2,45 kat arttığı belirlenmiştir. Ayrıca bakır atık ile hazırlanan macun dolgu numunelerinin aynı bağlayıcı oranında (%7) ve numune boyutundan bağımsız olarak basınç dayanımları diğer iki atık (pirit atık ve baraj atığı) ile hazırlanan örneklere göre daha yüksek çıkmıştır. Bunun sebepleri, aynı bağlayıcı oranında bakır atığın yüzde katı oranının diğer atıklara kıyasla daha yüksek (K.O: %77,25 > %74,71 ve %74,58) ve 20 μm altı malzeme miktarının daha düşük (-20 μm: %44,79 < %48,41 ve %58,42) olmasından dolayı su tutma kapasitesinin daha düşük ve çimento içeriğinin daha yüksek olmasıdır (Şekil 13 ve Tablo 7) (Erçıkdı vd., 2013b). Pratikte, maden operatörlerinin yeraltında güvenli bir şekilde çalışabilmesi ve üretim yapılan bölge etrafındaki dolgunun duraylılığını koruyabilmesi için 28 günlük kür süresi sonunda macun dolgunun yeterli (TEBD $\geq$ 1,0 MPa) dayanıma sahip olması istenmektedir (Stone, 1993; Yumlu, 2001). Bu çalışmada 28 gün sonunda istenen basınç dayanımına sadece bakır atık ile %7 bağlayıcı oranında hazırlanan küçük numunelerde (5x10 cm) (TEBD: 1,012 $\geq$ 1,0 MPa) ulaşılmıştır.

Şekil 18b, 19b ve 20b'de verilen k değeri grafiklerine bakıldığında genel olarak küçük numuneler, büyük numunelere kıyasla 1,06-1,66 kat daha yüksek dayanım değeri üretmişlerdir. Grafiklere bakıldığında kür süresinin artmasıyla birlikte büyük numuneler ile küçük numunelerin basınç dayanımları arasındaki fark azaldığından dolayı k değerlerinin düştüğü görülmektedir. Bu durum, atık tipinden bağımsız olarak küçük numuneler (5x10 cm) içerisindeki nem içeriğinin büyük numunelere (10x20 cm) göre daha düşük olması (Ek Şekil 5), numune boyutu azaldıkça dolgu bünyesindeki suyun daha hızlı drene olması sonucu küçük numunelerin daha hızlı kuruması ve erken kür sürelerinde daha yüksek dayanım kazanımının gerçekleşmesiyle ilişkilendirilebilir (Yılmaz vd., 2013). Macun dolgunun, kaya ve beton malzemesine kıyasla daha homojen bir yapıda olmasına ve görünürde belirgin bir farklılık olmamasına karşın, numune boyutunun artmasıyla birlikte örnek içerisinde kusur olma olasılığı (mikro boşluklar ve zayıflık düzlemleri) artmaktadır. Yüklemeye devam edildikçe örneğin içinde bulunan mikro-kusurlar çevresinde gerilme birikimleri oluşmaktadır. Deformasyonun artmasıyla bu kusurlar büyümekte ve kırılma düzlemi/düzlemleri oluşarak malzeme yenilmektedir. Dolayısıyla numune boyutunun artmasıyla oluşacak daha fazla mikro-kusur boyunca deformasyonlar oluşmaya başlayacak ve sonuçta malzemenin daha kolay yenilmesine yol açacaktır (Ünver, 2012).

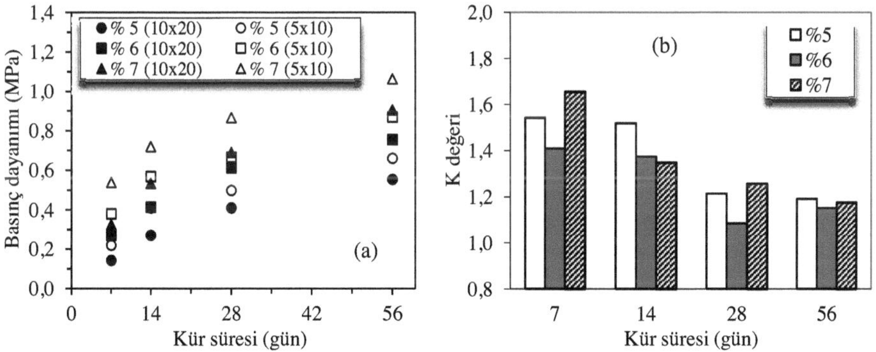

Şekil 18. Bağlayıcı oranının basınç dayanımına etkisi (a) ve k değerleri (b) (Pirit atık)

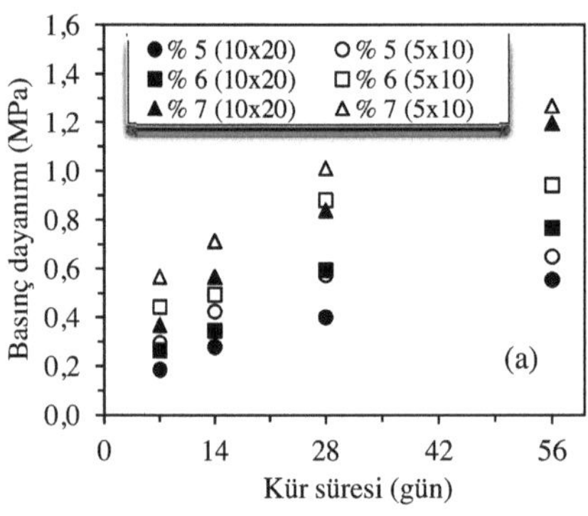

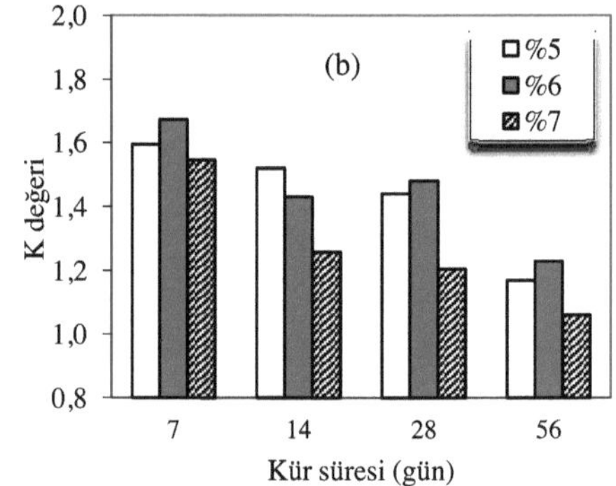

Şekil 19. Bağlayıcı oranının basınç dayanımına etkisi (a) ve k değerleri (b) (Bakır atık)

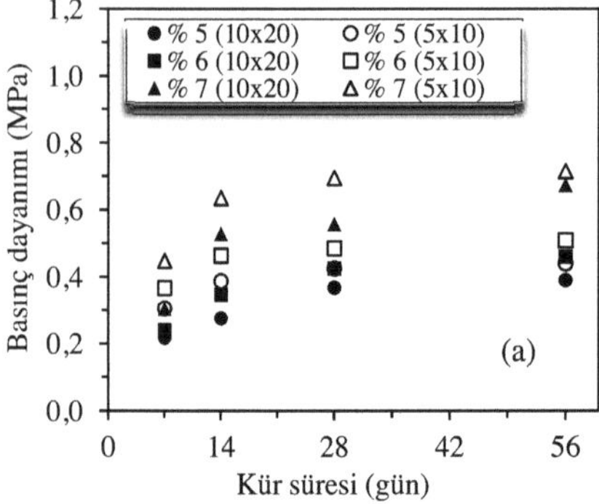

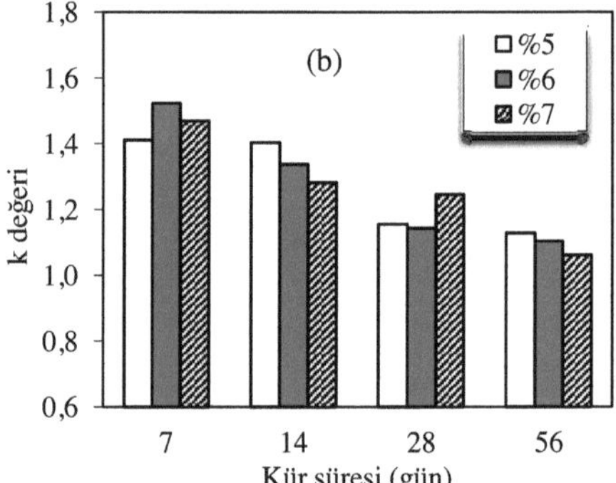

Şekil 20. Bağlayıcı oranının basınç dayanımına etkisi (a) ve k değerleri (b) (Baraj atığı)

3.1.2. Su-Çimento Oranının Etkisi

Çimentolu macun dolgunun akışkanlığı, dolgu hazırlama tesisinden yeraltına yerleştirileceği bölgeye kadar taşınmasında oldukça önemlidir. Bu yüzden dolgunun istenen kıvama ulaşması için yeterli su içermesi gerekmektedir. Fakat su-çimento oranının artışı, dolgunun mekanik dayanımını olumsuz yönde etkiler. Optimum su-çimento oranı genellikle, dolgunun dayanımının istenildiği üzere maksimum seviyeye çıkarılırken öte yandan dolgunun yeraltına pompalanma etkinliğinin sağlanması için akışkanlığının (kıvam) korunmasına bağlıdır (Erçıkdı vd., 2009a).

Şekil 21-23'de, farklı atık malzemeler (pirit atık, bakır atık ve baraj atığı) kullanılarak %7 bağlayıcı (CEM III/A 42,5N) oranında farklı su-çimento oranlarında, boy/çap oranı = 2/1 olan iki farklı numune boyutunda (10x20 cm ve 5x10 cm) hazırlanan silindirik macun dolgu numunelerinin 7-56 günlük kür süresi aralığındaki tek eksenli basınç dayanımı sonuçları verilmiştir.

Farklı atık malzemeler ile hazırlanan dolgu numunelerinin basınç dayanımlarının her iki numune boyutunda (10x20 cm ve 5x10 cm) su-çimento oranının düşmesiyle paralel olarak arttığı belirlenmiştir. Bu çalışmadaki sonuçlarla uyumlu olarak Galaa vd., (2011) daha düşük su-çimento oranına sahip macun dolgu numunelerinin daha fazla çimentolu yapıya sahip olarak hızlı bir dayanım gelişimi sağladığını belirtmiştir. Ayrıca düşük su- çimento oranına sahip dolgunun daha yüksek basınç dayanımı üretmesi daha yüksek katı oranı, daha düşük porozite (gözenek) ve boşluk oranı içermesiyle açıklanmaktadır (Ye vd., 2004; Erçıkdı vd., 2009b). Erçıkdı vd. (2009a) yapmış oldukları çalışmada, %5 bağlayıcı oranında ve farklı su-çimento oranlarında (w/c= 5,81, 5,97 ve 6,14) macun dolgu numuneleri hazırlamıştır. Bu dolgu örneklerinde su-çimento oranının artmasıyla dolgu içerisindeki gözenek ve boşluk oranının artmasından dolayı dolgunun mikroyapısının bozulabileceğini ve bu yüzden dolgunun mekanik dayanımının olumsuz etkileneceği belirtmiştir. Bu durum su-çimento oranı yüksek numunelerin içerisinde, düşük su-çimento oranına sahip numunelere kıyasla daha az ve zayıf bağlayıcı jelleri bulunması ile ilişkilendirilebilir (Yılmaz vd., 2003). Ayrıca bütün kür sürelerinde su-çimento oranının azalmasıyla küçük boyutlu (5x10 cm) macun dolgu örnekleri, büyük boyutlu (10x20 cm) örneklere göre daha yüksek basınç dayanımı üretmiştir (Şekil 21a, 22a ve 23a). Numune boyutunun artışı ile meydana gelen basınç dayanımı düşmesinin, kayaç tanecikleri içerisindeki muhtemel mikro kırıkların sayısının artmasıyla ilişkili olabileceği belirtilmiştir (Brace, 1981; Hoek, 2001). Darlington vd. (2011), örnek boyutunun beton numunelerinin basınç dayanımı üzerindeki etkisini araştırmak için yaptıkları çalışmalarında 28 günlük kür süresi sonunda yapılan dayanım testlerinde 6,35x12,7 cm boyutunda hazırlamış oldukları beton örneğinin 8,35x16,7 cm boyutundaki örneğe göre yaklaşık %10 daha fazla dayanım ürettiğini belirlemişlerdir. Revell (2004) numune boyutunun çimentolu macun dolgu üzerindeki etkisini araştırmak amacıyla boy/çap oranı = 2/1 oranını korumak suretiyle 10x20 cm ve 4x8 cm (çap x boy) boyutundaki silindirik numune kaplarını kullanarak %6 bağlayıcı oranında hazırlamış olduğu numuneleri 7-28 günlük kür sürelerinde dayanım testine tabii tutmuş ve 4x8 cm boyutundaki numunelerin 7 ve 28 gündeki basınç dayanımları 10x20 cm boyutundaki numunelere kıyasla sırasıyla 1,06 ve 1,10 kat daha yüksek çıkmıştır.

Pratikte istenen dayanım kriterini (28 günde ≥ 1,0 MPa) pirit atık ile su-çimento oranı (w/c): 4,58 olan küçük boyutlu (5x10 cm) macun dolgu örnekleri (TEBD: 1,237 ≥ 1,0 MPa) sağlarken bakır atık ile hazırlanan 3,97 su-çimento oranına sahip büyük boyutlu (10x20 cm) macun dolgu örneklerinin (TEBD= 1,175 ≥ 1,0 MPa) ve küçük boyutlu (5x10 cm) numunelerde hem w/c: 4,21 olan örneklerin (TEBD= 1,012 ≥ 1,0 MPa) hem de w/c: 3,97 olan örneklerin (TEBD= 1,221 ≥ 1,0 MPa) sağladığı görülmektedir. Fakat düşük su-çimento oranına sahip macun dolgunun yeraltındaki boşluklara nakledilmesi ve yerleştirilmesinde olumsuz etkileri olabileceği göz önünde bulundurulmalıdır. Ayrıca her iki numune boyutunda da (10x20 cm ve 5x10 cm) su-çimento oranının 5,13'den 3,97'ye düşürülmesiyle genel olarak basınç dayanımının 1,17-1,89 kat arttığı belirlenmiştir.

Şekil 21b, 22b ve 23b'de farklı atık malzemeler kullanılarak farklı su-çimento oranlarında iki farklı boyutta hazırlanan numunelerin dayanım değerlerinden elde edilen k değerleri verilmiştir. Grafiklere bakıldığında küçük numunelerin (5x10 cm), büyük numunelere (10x20 cm) kıyasla 1,00-1,75 kat daha yüksek basınç dayanımı ürettiği görülmektedir. Ayrıca iki farklı numune boyutu arasındaki dayanım farkı erken kür sürelerinde (7-14 gün) yüksek, ilerleyen kür sürelerinde (28-56 gün) ise nispeten daha düşüktür.

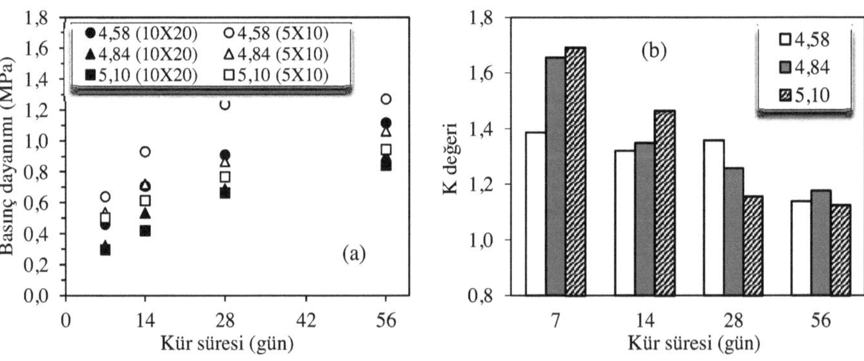

Şekil 21. Su-çimento oranının basınç dayanımına etkisi (a) ve k değerleri (b) (Pirit atık)

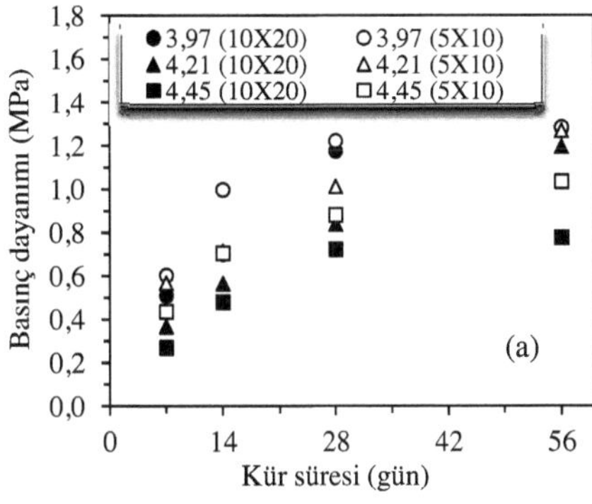

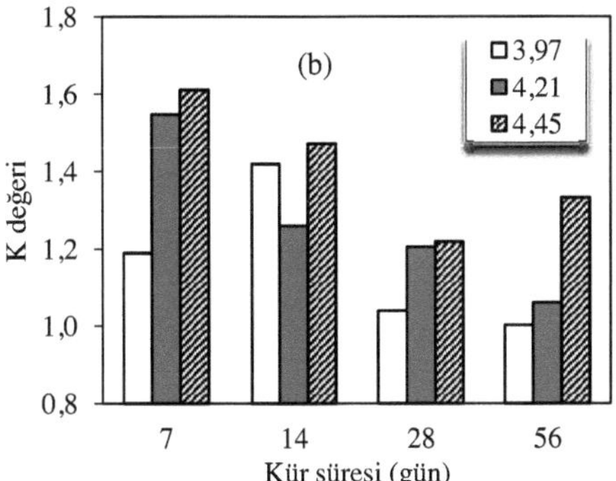

Şekil 22. Su-çimento oranının basınç dayanıma etkisi (a) ve k değerleri (b) (Bakır atık)

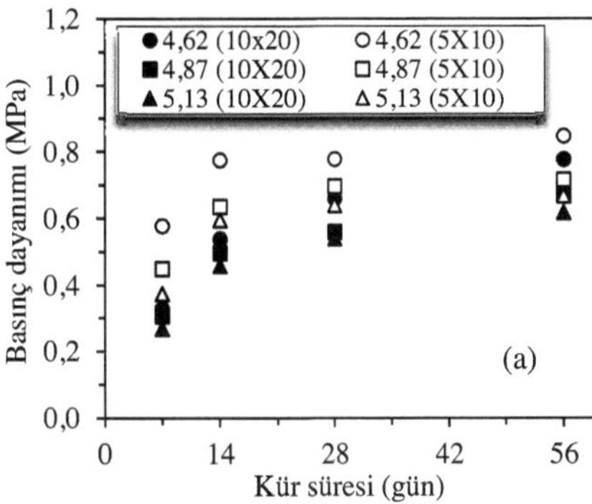

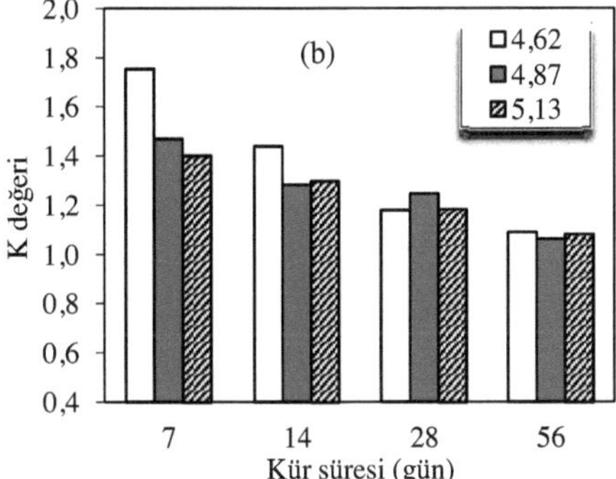

Şekil 23. Su-çimento oranının basınç dayanımına etkisi (a) ve k değerleri (b) (Baraj atığı)

3.1.3. Bağlayıcı Tipinin Etkisi

Farklı atık malzemeler kullanılarak farklı bağlayıcı tiplerinde (Portland çimentosu; CEM I 42,5R, Portland kompoze çimentosu; CEM III/A 42,5N ve sülfata dayanıklı çimento; SDÇ 32,5) ve %7 bağlayıcı oranında boy/çap oranı = 2/1 olan iki farklı numune boyutunda (10x20 cm ve 5x10 cm) hazırlanan silindirik macun dolgu numunelerin 7-56 günlük kür süresi aralığındaki tek eksenli basınç dayanımı sonuçları Şekil 24a-26a'da gösterilmektedir.

Kullanılan tüm atıklarda, hazırlanan macun dolgu numunelerinin basınç dayanımları numune boyutundan bağımsız olarak tüm bağlayıcı tiplerinde kür süresinin artmasıyla birlikte artmıştır. 3 farklı atık tipinde hazırlanan macun dolgu örnekleri arasında sülfata dayanıklı çimento (SDÇ 32,5) ile hazırlanan örneklerin basınç dayanımı gelişimi diğer bağlayıcı tiplerine göre daha yavaş seyretmektedir. Erçıkdı vd. (2009a) %26 sülfür (S) içeren atık malzeme üzerinde bağlayıcı tipinin etkisini incelemek için yaptıkları çalışmada %5 bağlayıcı oranı ve farklı bağlayıcı tiplerinde (Portland çimentosu, Portland kompoze çimentosu, sülfata dayanıklı çimento vb.) hazırlamış oldukları macun dolgu örneklerinin basınç dayanımı testi sonuçlarına göre 56 güne kadar tüm bağlayıcı tiplerinde dayanım artışı olduğunu fakat sülfata dayanıklı çimento ile hazırlanan örneklerde dayanım artışının diğer bağlayıcı tiplerine göre daha yavaş seyrettiğini belirtmişlerdir. CEM III/A 42,5N tipi çimento ile hazırlanan numunelerin dayanımı erken kür sürelerinde (7-14 gün) CEM I 42,5R ile hazırlanan numunelere kıyasla düşük olmasına karşın, ilerleyen kür sürelerinde (28 ve 56 gün) CEM I 42,5R'ye yakın dayanım kazanımı elde ettikleri ve hatta bakır ve pirit atıkta geçtikleri görülmektedir (Yılmaz vd., 2013). Demirboğa vd. (2004) puzolanların hidratasyon ısısını düşürdüğünü ve dayanım kazanımı için daha uzun kür süresine ihtiyaç duyulduğunu belirtmiştir. Ayrıca belirli bir hidrolik bağlayıcı özelliği (CaO içeriğinin yüksek olmasından dolayı) bulunan öğütülmüş yüksek fırın cürufu, klinkerin hidratasyonu sonucu açığa çıkan $Ca(OH)_2$ ile reaksiyona girerek bağlayıcı jeli (C-S-H) oluşturmakta ve bu nedenle CEM III/A 42,5N tipi çimentonun yeterli dayanım kazanımı için daha uzun kür süresine ihtiyaç duyulmaktadır (Erçıkdı vd., 2009b; Yılmaz vd., 2013). Numune boyutu açısından bakıldığında, küçük numuneler (5x10 cm), büyük numunelere (10x20 cm) göre bütün bağlayıcı tiplerinde ve kür sürelerinde daha yüksek basınç dayanımı üretmiştir (Şekil 24a - 26a). Bu çalışmada elde edilen sonuçlar, Revell (2004) ve Darlington vd. (2011) ile benzer sonuçlar göstermektedir.

k değerleri incelendiğinde (Şekil 24b-26b) genel olarak küçük numuneler, büyük numunelere kıyasla 1,05-1,66 kat daha yüksek dayanım değeri üretmişlerdir. Grafikler incelendiğinde kür süresinin artmasıyla birlikte küçük numuneler ile büyük numunelerin basınç dayanımları arasındaki fark azaldığından dolayı k değerlerinin düştüğü görülmektedir.

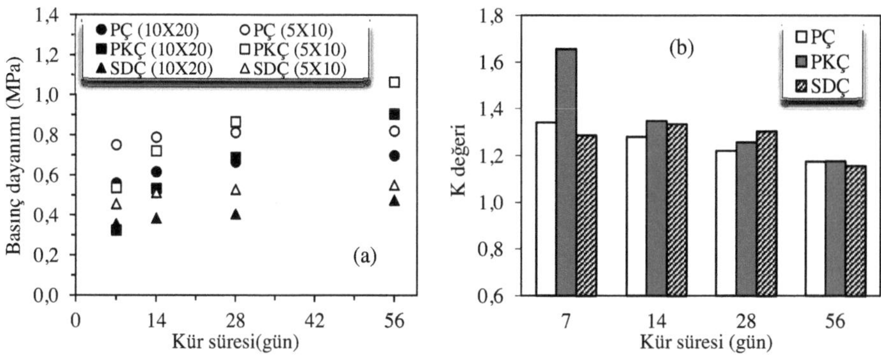

Şekil 24. Bağlayıcı tipinin basınç dayanımına etkisi (a) ve k değerleri (b) (Pirit atık)

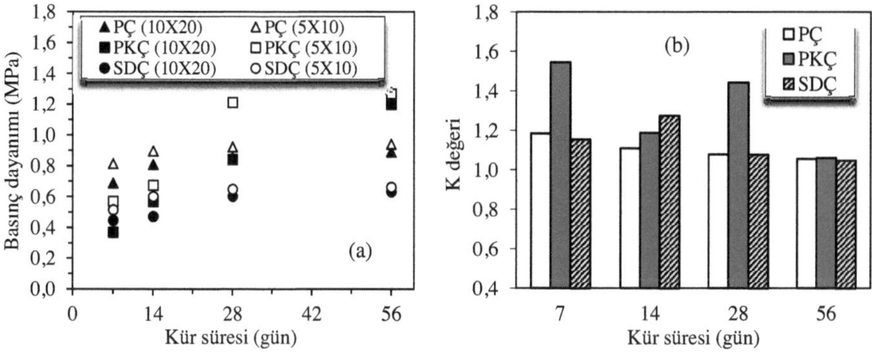

Şekil 25. Bağlayıcı tipinin basınç dayanımına etkisi (a) ve k değerleri (b) (Bakır atık)

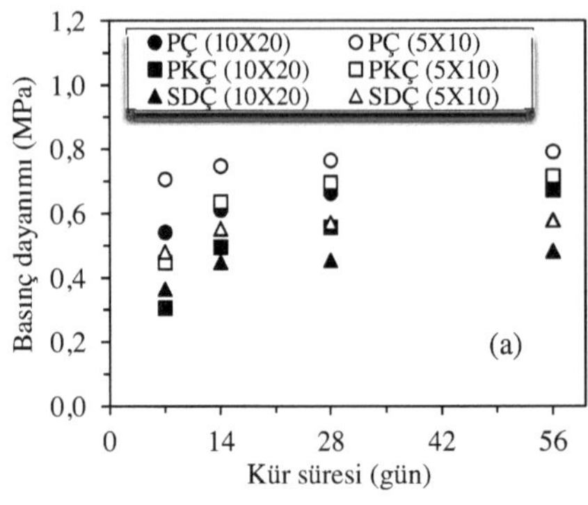

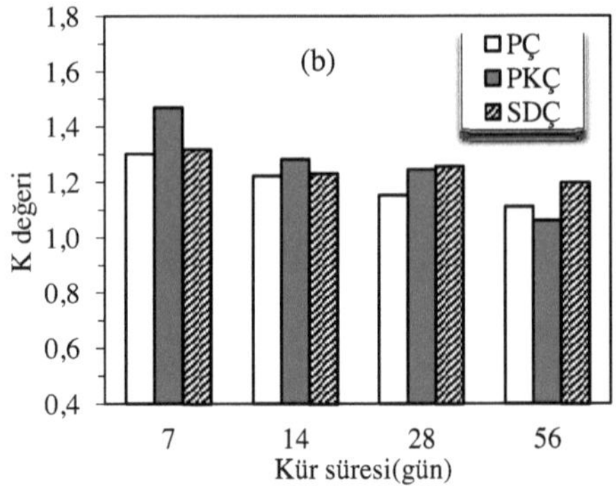

Şekil 26. Bağlayıcı tipinin basınç dayanımına etkisi (a) ve k değerleri (b) (Baraj atığı)

3.1.4. Atık Tane Boyut Dağılımının Etkisi

Şekil 27a, atık tane boyut dağılımının etkisini incelemek için 20 μm altı malzeme miktarı farklı olan referans ve sınıflandırılmış baraj atığı ile %7 bağlayıcı (CEM III/A 42,5N) oranında boy/çap oranı = 2/1 olan iki farklı numune boyutunda (10x20 cm ve 5x10 cm) hazırlanan silindirik macun dolgu numunelerinin 7-56 günlük kür süresi aralığındaki tek eksenli basınç dayanımı sonuçlarını göstermektedir.

Her iki boyuttaki numunelerin basınç dayanımları 20 μm altı malzeme miktarından bağımsız olarak kür süresinin artmasıyla birlikte artmıştır. Benzer şekilde küçük boyutlu (5x10 cm) örnekler bütün kür sürelerinde büyük boyutlu (10x20 cm) örneklere göre daha yüksek basınç dayanımı üretmiştir. Fall vd. (2005) yaptıkları çalışma sonucu optimum 20 μm altı malzeme miktarının %25-30 arasında olduğunu bulmuştur. Bu durum her çalışmada ince taneli malzeme oranı için optimum bir değerin olduğunu göstermektedir. Bu çalışmada sınıflandırılmış baraj atığı ile hazırlanan macun dolgu örnekleri bütün kür sürelerinde referans atık (baraj atığı) ile hazırlanan örneklere kıyasla daha yüksek dayanım üretmiştir. Erçıkdı vd. (2008) iri boyutlu atıklar ile üretilen macun dolgu numunelerinin orta ve ince boyutlu atıklar ile hazırlanan dolgu numunelerine göre drenaj yoluyla daha fazla su bıraktıklarını gözlemlemişlerdir. Dolgu bünyesindeki suyun drenajla uzaklaşması dolgunun oturmasına (çökmesine) yol açar ve dolgu malzemesinin toplam gözenekliliği ve boşluk oranının azalmasını sağlar (Fall vd., 2005). Bu bağlamda sınıflandırılmış (şılam uzaklaştırılmış) atık ile hazırlanan dolgu numunelerinin basınç dayanımlarının referans atık ile hazırlanan numunelere göre daha yüksek olması, çoğunlukla sınıflandırılmış atığın daha düşük silikat (SiO_2+Al_2O_3) içeriğine (%26,6<32,5) ve 20 μm altı malzeme miktarına (%35,04<58,4) sahip olmasından dolayı su tutma kapasitelerinin daha düşük olmasıyla açıklanabilir (Şekil 13 ve Tablo 4). Sınıflandırma işlemi sonucunda macun dolgu numunelerinin basınç dayanımlarında belirli oranda artış sağlanmasına rağmen 28 günlük kür süresi sonunda istenen dolgu dayanımına (TEBD $\geq$1,0 MPa) ulaşılamamıştır.

Şekil 27b'ye bakıldığında kür süresinin artmasıyla birlikte k değerlerinin düştüğü görülmektedir. Genel olarak küçük numuneler referans atıkta büyük numunelere kıyasla %6-47, sınıflandırılmış baraj atığında ise %10-37 daha yüksek dayanım üretmişlerdir.

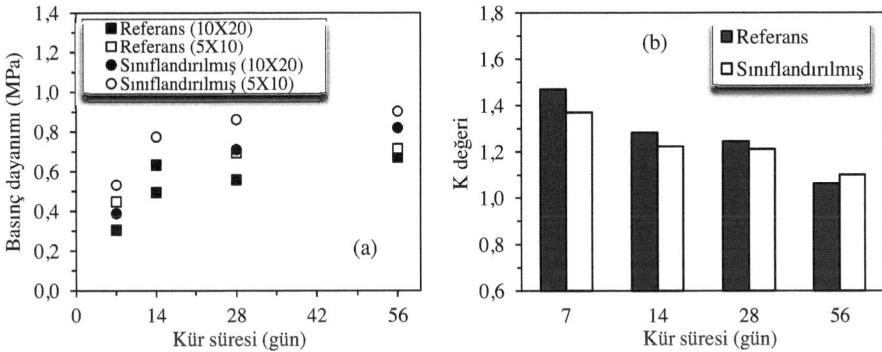

Şekil 27. Atık tane boyut dağılımının basınç dayanımına etkisi (a) ve k değerleri (b) (Baraj atığı)

3.2. Numune Boyutunun Ultrasonik P-Dalga Hızına Etkisinin Değerlendirilmesi

3.2.1. Bağlayıcı Oranının Etkisi

Bağlayıcı oranının ultrasonik P- dalga hızı üzerindeki etkisini incelemek için pirit, bakır ve baraj atıkları kullanılarak %5, %6 ve %7 bağlayıcı (CEM III/A 42,5N) oranında boy/çap oranı = 2/1 olan iki farklı numune boyutunda (10x20 cm ve 5x10 cm) hazırlanan silindirik macun dolgu numunelerinin 7-56 günlük kür süresi aralığındaki ultrasonik P-dalga hızı sonuçları Şekil 28, 29 ve 30'da gösterilmektedir.

Macun dolgu örneklerinin ultrasonik P-dalga hızları numune boyutundan ve atık tipinden bağımsız olarak, kür süresinin artmasıyla paralel olarak bütün bağlayıcı oranlarında (%5, %6 ve %7) artmıştır. Bağlayıcı hidratasyonu ile oluşan C-S-H jelleri atık taneleri arasındaki boşlukların dolmasını ve macun dolgu örneklerinin sertlik kazanmasını sağlar. Ayrıca dolgu numunesinin sertlik kazanma gelişimine dolgunun kendi ağırlığı ile konsolide olması (sıkışması), kuruması ve bünyesindeki suyun buharlaşması katkıda bulunabilir (Helinski vd., 2007; Yılmaz vd., 2009; Kesimal vd., 2010; Galaa vd., 2011). Genel olarak büyük boyutlu (10x20 cm) macun dolgu örneklerinin ultrasonik P- dalga hızları 7-56 günlük kür süresi boyunca 1202-1692 m/s arasında değişirken küçük boyutlu (5x10 cm) örneklerin aynı kür sürelerinde ultrasonik P-dalga hızlarının 1222-1740 m/s arasında değiştiği belirlenmiştir. Tüm atık malzeme tiplerinde, küçük boyutlu örnekler, büyük boyutlu numunelere kıyasla %7'ye kadar daha yüksek ultrasonik P-dalga hızına ulaşmıştır. Ayrıca bağlayıcı oranının %5'ten %7'ye arttırılmasıyla, büyük numunelerin ultrasonik P- dalga hızları %4,6-10,2 oranında artarken küçük numunelerin (5x10 cm) ultrasonik P- dalga hızları %4,7-9,84 oranında artmıştır. Bağlayıcı oranının arttırılmasının yararı, boşluk oranı ve gözenekliliğin azaltılmasıyla meydana gelen hidratasyon ürünlerinin (CH ve C-S-H) miktarının artması ve böylece ultrasonik P- dalga hızının artmasıdır (Lafhaj vd., 2006; Erçıkdı vd., 2009a). Elde edilen sonuçlar, Diezd'Aux (2008)'in bulgularıyla uyumludur. Diezd'Aux (2008) bağlayıcı oranının macun dolgu örneklerinde ultrasonik P- dalga hızını önemli derecede etkilediğini belirtmiştir. %5 bağlayıcı oranında 3 günlük macun dolgu örneklerinin ultrasonik P- dalga hızı 1227-1520 m/s hıza ulaşırken %3 bağlayıcı oranında bu hızın 1400-1430 m/s arasında değiştiğini gözlemlemiştir.

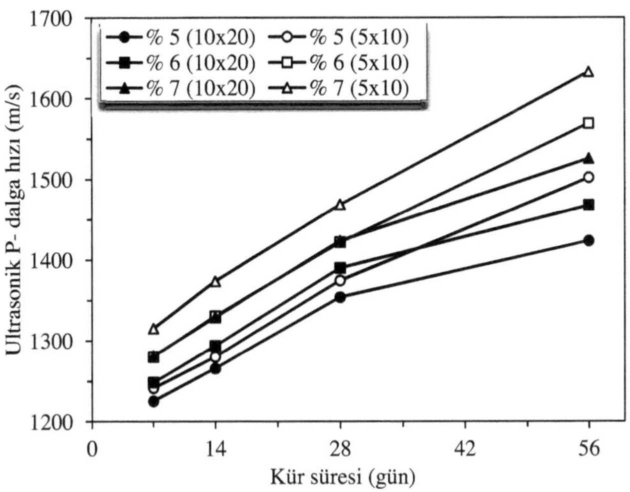

Şekil 28. Bağlayıcı oranının ultrasonik P- dalga hızına etkisi (Pirit atık)

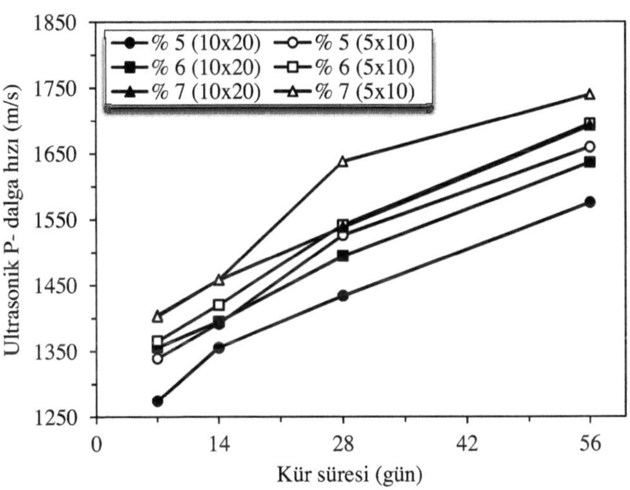

Şekil 29. Bağlayıcı oranının ultrasonik P- dalga hızına etkisi (Bakır atık)

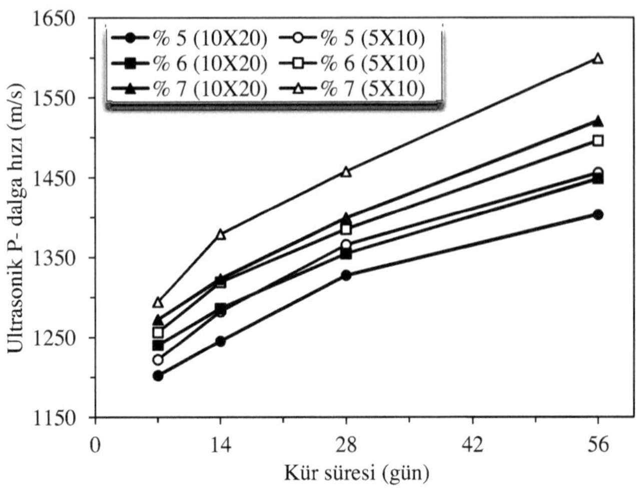

Şekil 30. Bağlayıcı oranının ultrasonik P- dalga hızına etkisi (Baraj atığı)

3.2.2. Su-Çimento Oranının Etkisi

Şekil 31-33'de, su-çimento oranının ultrasonik P- dalga hızı üzerindeki etkisini incelemek için farklı atık malzeme (pirit, bakır ve baraj atığı) kullanılarak %7 bağlayıcı (CEM III/A 42,5N) oranında boy/çap oranı = 2/1 olan iki farklı numune boyutunda (10x20 cm ve 5x10 cm) hazırlanan silindirik macun dolgu numunelerinin 7-56 günlük kür süresi aralığındaki ultrasonik P-dalga hızı sonuçları verilmiştir.

Macun dolgu örneklerinin ultrasonik P-dalga hızları numune boyutu ve atık malzeme tipinden bağımsız olarak, kür süresinin artmasıyla ve su-çimento oranının düşmesiyle paralel olarak artmıştır. Bu durum su-çimento oranının düşmesiyle porozite ve boşluk oranının azalmasına bağlanabilir (Benzaazoua vd., 2004; Erçıkdı vd., 2009a; Karaman vd., 2010). Genel olarak büyük boyutlu (10x20 cm) macun dolgu örneklerinin ultrasonik P- dalga hızları 7-56 günlük kür süresi boyunca 1241-1771 m/s arasında değişirken küçük boyutlu (5x10 cm) örneklerin aynı kür sürelerinde P-dalga hızlarının 1268-1845 m/s arasında değiştiği belirlenmiştir. Bazı araştırmacılar (Chotard vd., 2001; Demirboğa vd., 2004; Ulucan vd., 2008) 7 günlük beton numunelerinde ultrasonik P- dalga hızı ölçümü yapmışlar ve çok daha yüksek (>3000 m/s) sonuçlar elde etmişlerdir. Beton numuneleri macun dolgu numunelerine göre daha yüksek bağlayıcı içeriğine ($\geq$300 kg/m^3) ve daha düşük su-çimento oranına (genellikle 0,3-0,6 arasında) sahiptir. Bu yüzden macun dolgu örneklerindeki nispeten düşük ultrasonik hızları daha yüksek su-çimento oranı ve daha düşük çimento içeriğinden kaynaklanan yüksek boşluk oranı ile açıklanabilir (Erçıkdı vd., 2013b). Tüm atık tiplerinde, küçük boyutlu örneklerin, büyük boyutlu numunelere kıyasla % 7,5 oranına kadar daha yüksek P-dalga hızına sahip olduğu gözlenmiştir. Ayrıca bakır atığın katı oranı (%76,25-78,25) diğer atıkların katı oranlarından (pirit atık: %73,71-75,71, baraj atığı: %73,58-75,58) daha yüksek olduğu ve bu sayede daha fazla bağlayıcı içeriğine sahip olduğu için bakır atık ile hazırlanan örneklerin P-dalga hızları (1332-1845 m/s) diğer atık tipleri (pirit atık ve baraj atığı) ile hazırlanan macun dolgu örneklerine göre daha yüksek çıkmıştır.

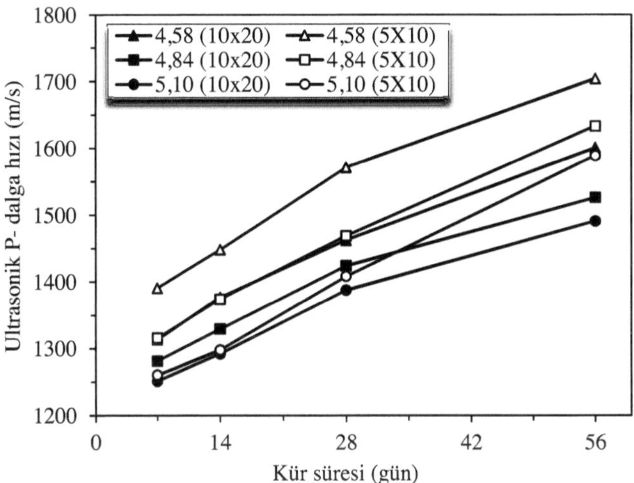

Şekil 31. Su-çimento oranının ultrasonik P- dalga hızına etkisi (Pirit atık)

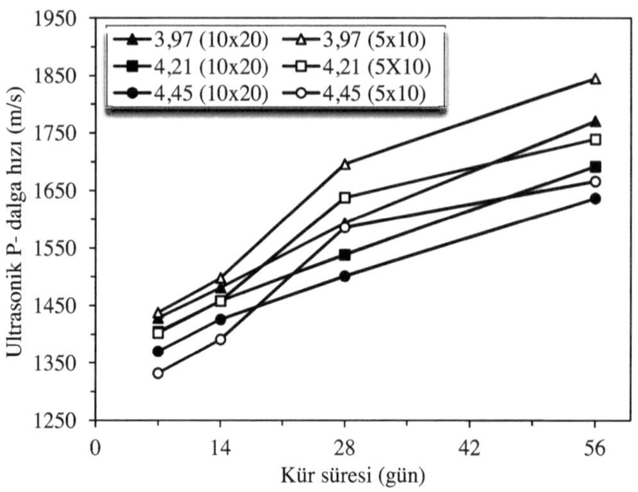

Şekil 32. Su-çimento oranının ultrasonik P- dalga hızına etkisi (Bakır atık)

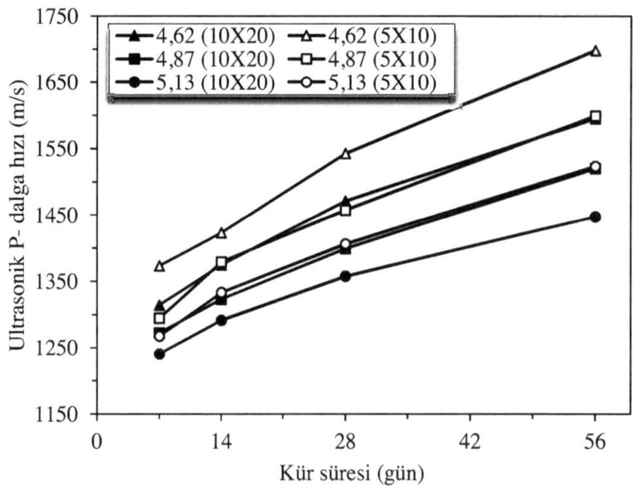

Şekil 33. Su-çimento oranının ultrasonik P- dalga hızına etkisi (Baraj atığı)

3.2.3. Bağlayıcı Tipinin Etkisi

Şekil 34-36'da, pirit, bakır ve baraj atıkları kullanılarak bağlayıcı tipinin (Portland çimentosu; CEM I 42,5R, Portland kompoze çimentosu; CEM III/A 42,5N ve sülfata dayanıklı çimento; SDÇ 32,5) ultrasonik P- dalga hızı üzerindeki etkisini incelemek için %7 bağlayıcı oranında boy/çap oranı = 2/1 olan iki farklı numune boyutunda (10x20 cm ve 5x10 cm) hazırlanan silindirik macun dolgu numunelerinin 7-56 günlük kür süresi aralığındaki ultrasonik P-dalga hızı sonuçları verilmiştir.

Grafiklere bakıldığında, tüm atık tipleri ve bağlayıcı tiplerinde macun dolgu örneklerinin ultrasonik P- dalga hızları, numune boyutundan bağımsız olarak kür süresiyle paralel olarak artmıştır. Ultrasonik P- dalga hızlarının, küçük numunelerde (5x10 cm) büyük numunelere (10x20 cm) kıyasla genel olarak %7'ye kadar daha hızlı geçtiği belirlenmiştir. Tüm atık tiplerinde, Portland çimentosu (CEM I 42,5R) ile hazırlanan macun dolgu örneklerinin P- dalga hızları erken kür sürelerinde (7-28 gün) diğer çimentolar (Portland kompoze çimentosu; CEM III/A 42,5N ve sülfata dayanıklı çimento; SDÇ 32,5) ile hazırlanan örneklere göre önemli derecede daha yüksek çıkmıştır (Şekil 34, 35 ve 36). Bu, Portland çimentosunun kimyasal bileşiminden dolayı erken kür sürelerinde diğer bağlayıcı tiplerine nazaran daha fazla hidratasyon ürününün bir araya gelmesi ile ilişkilendirilebilir. İlerleyen kür sürelerinde ise ultrasonik P- dalga hızında daha yavaş artış gözlenmiştir. Buna karşın, Portland kompoze çimentosu (CEM III/A 42.5N ile hazırlanan örneklerin ultrasonik P- dalga hızları 7-56 günlük kür süresi boyunca doğrusal (düzenli) olarak artmış ve genel olarak 56 günde Portland çimentosu ile hazırlanan dolgu numunelerinin ultrasonik P- dalga hızını geçmiştir. Bu durum, puzolanların hidratasyon ısısını düşürmesi ve puzolanik reaksiyonların yavaş gerçekleşmesi sonucu Portland kompoze çimentosunun hidratasyon sürecinin kür süresi boyunca yavaş ve artarak devam etmesi ile açıklanabilir. Portland kompoze çimento içeren dolgu numunelerinin 56 günde diğer bağlayıcı tiplerini içeren numunelerin P- dalga hızlarını geçmesini bağlayıcının (Portland kompoze çimentosu: CEM III/A 42.5N) puzolanik özelliğinden dolayı dolgu numunesi içerisindeki boşlukları doldurması ve dolgunun sertlik kazanımı ile açıklamak mümkündür.

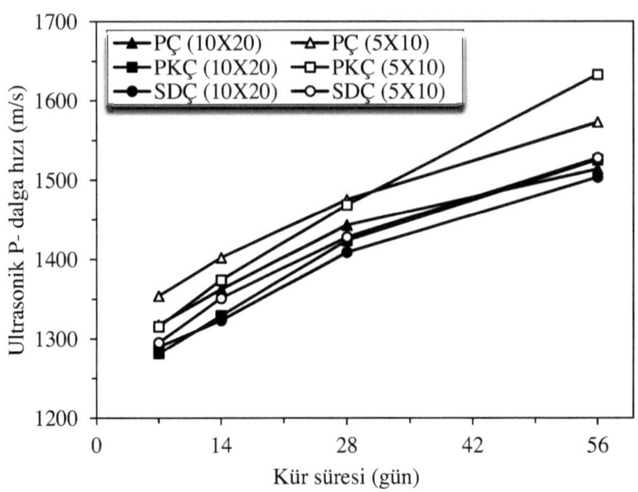

Şekil 34. Bağlayıcı tipinin ultrasonik P- dalga hızına etkisi (Pirit atık)

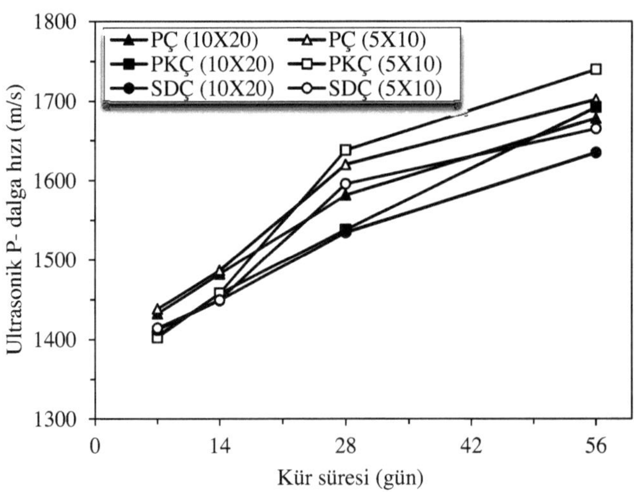

Şekil 35. Bağlayıcı tipinin ultrasonik P- dalga hızına etkisi (Bakır atık)

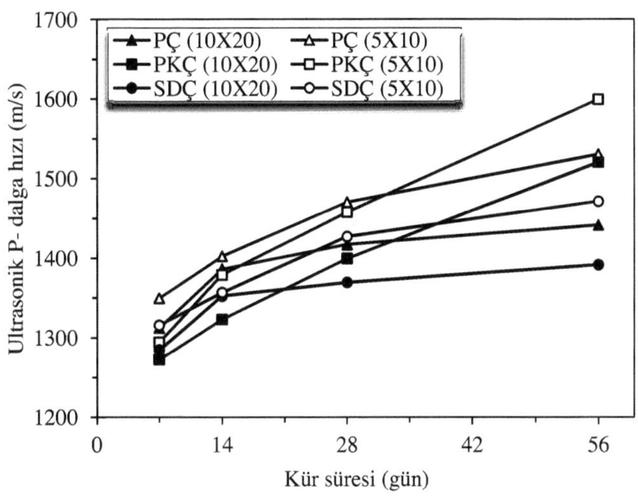

Şekil 36. Bağlayıcı tipinin ultrasonik P- dalga hızına etkisi (Baraj atığı)

3.2.4. Atık Tane Boyut Dağılımının Etkisi

Atık tane boyut dağılımının ultrasonik P- dalga hızına etkisinin incelenmesi amacıyla referans (sınıflandırılmamış baraj atığı) atık ve sınıflandırılmış (baraj atığı) atık kullanılarak %7 bağlayıcı (CEM III/A 42,5N) oranında ve iki farklı numune boyutunda (10x20 cm ve 5x10 cm) hazırlanan macun dolgu örneklerinin 7-56 günlük kür sürelerinde ölçülen ultrasonik P- dalga hızları Şekil 37'de verilmiştir. Şekil 37'ye göre referans (baraj atığı) atık ile hazırlanan örneklerde büyük numuneler (10x20 cm) genel olarak 1272-1499 m/s, küçük numuneler (5x10 cm) ise 1362-1821 m/s hız üretmiştir. Sınıflandırılmış atık ile hazırlanan örneklerde ise sırasıyla 1294-1599 m/s ve 1403-1988 m/s hıza ulaşılmıştır.

Bağlayıcı tipi, oranı ve su-çimento oranının aksine 20 μm altı malzeme (şlam) miktarı, macun dolgu numunelerinin ultrasonik P- dalga hızlarını oldukça etkilemektedir. Bazı araştırmacılar (Kesimal vd., 2003; Fall vd., 2004; Fall vd., 2005; Erçıkdı vd., 2013a) kullanılan atık malzeme içerisindeki şlam miktarının (-20 μm) artmasıyla dolgu numunelerinin içerisinde bulunan boşluk miktarının arttığı bildirilmişlerdir. Singh ve Kripamoy (2005) ve Karaman vd. (2010) silikat minerallerinin (mika, kil, kuvars vb.), su tutma kapasitelerinin yüksek olmasından dolayı bu minerallerin artmasıyla ultrasonik P- dalga hızının azaldığını belirtmişlerdir. Ayrıca, taze dolgunun drenaj kabiliyeti macun dolgu malzemesinin mikroyapısını (toplam porozite ve boşluk oranı) önemli derecede etkilemektedir. Erçıkdı vd. (2008) iri taneli atıklardan üretilen macun dolgunun orta ve ince taneli atıklardan üretilen dolguya göre drenajla daha fazla su bıraktığını gözlemlemiştir. Drene olmuş atıklar ile hazırlanan macun dolgu, sıkışma yoğunluğunun artmasından dolayı daha iyi yerleşir (sıkışır) ve bu sayede dolgu daha az porozite ve boşluk oranı içerirken atık taneleri daha fazla bağlayıcı jel ile etkileşim gerçekleştirebilir (Fall vd., 2005). Bu çalışmada, sınıflandırılmış atık ile hazırlanan macun dolgu örnekleri referans atık ile hazırlanan örneklere kıyasla %7-24 daha yüksek hıza ulaşmıştır. Bu durum sınıflandırılmış atığın daha düşük silikat (SiO_2+Al_2O_3) içeriğine (%26,6 < 32,5) ve 20 μm altı malzeme miktarına (%35,04 < 58,4) sahip olmasından dolayı su tutma kapasitelerinin düşük olmasıyla açıklanabilir (Şekil 13 ve Tablo 4). Bununla birlikte, sınıflandırılmış atıklardan hazırlanan macun dolgu örneklerinin referans (sınıflandırılmamış) atık ile hazırlanan numunelere kıyasla nispeten daha yüksek P-dalga hızına sahip olması sınıflandırılmış (şlam uzaklaştırılmış) atıkların katı oranının (%80,17) daha yüksek olması ve üniformluk katsayısının (Cu= 6,54<11) daha düşük olması ile ilişkilendirilebilir (Wichtmann ve Triantafyllidis, 2010).

Sınıflandırılmış atık malzeme ile hazırlanan dolgunun mikro yapısının iyileşmesi örneklerin hem basınç dayanımını hem de ultrasonik P- dalga hızını arttırdığı görülmektedir. Fakat atıktan suyun yüksek oranda ayrılması macun dolgu tesisinden boru hattı veya dolgu mikseri ile yeraltına taşınacak dolgunun büyük olasılıkla çökmesine veya ayrışmasına sebep olacaktır. Bu yüzden yeraltına yerleştirilecek dolguda sınıflandırılmış atık kullanılacaksa atık malzemenin karıştırma ve taşıma karakteristikleri daha dikkatli incelenmelidir.

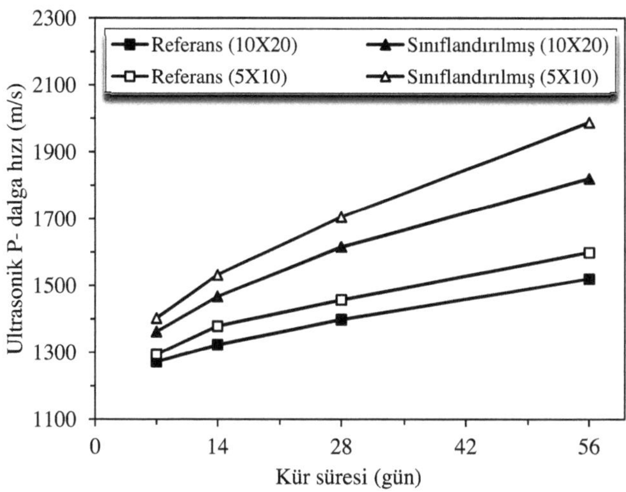

Şekil 37. Atık tane boyut dağılımının ultrasonik P- dalga hızına etkisi (Baraj atığı)

3.3. Tek Eksenli Basınç Dayanımı ile Ultrasonik P- Dalga Hızı Arasındaki İlişki

Literatürde, kaya numuneleri ve çimento içerikli malzemelerin tek eksenli basınç dayanımı (TEBD) ile ultrasonik P- dalga hızları (V_P) arasındaki ilişkiyi belirlemek için bir çok korelasyon (bağıntı) tasarlanmış ve ortaya konulmuştur (Tharmaratnam ve Tan, 1990; Demirboğa vd., 2004; Trtnik vd., 2009a). Bu çalışmada, büyük boyutlu (10x20 cm) macun dolgu numunelerinden elde edilen tek eksenli basınç dayanımı ile ultrasonik P- dalga hızı sonuçları istatistiksel olarak analiz edilmiştir.

Pirit atık kullanılarak farklı özelliklerde (bağlayıcı oranı, su-çimento oranı ve bağlayıcı tipi) hazırlanan büyük boyutlu (10x20 cm) macun dolgu numunelerinin belirli kür süreleri (7-56 gün) sonunda elde edilen tek eksenli basınç dayanımı ile ultrasonik P- dalga hızı arasındaki ilişki Şekil 38-40'da gösterilmektedir.

Örneklerin basınç dayanımı ile ultrasonik P- dalga hızı arasındaki ilişkiyi belirlemek için doğrusal ($y=ax\pm b$), logaritmik ($y= a\pm Inx$), üstel ($y= ae^{bx}$), polinom ($ax^2 \pm bx \pm c$) ve üs ($y=ax^b$) metotları kullanılmış ve en iyi sonucun doğrusal ilişki metoduyla sağlandığı belirlenmiştir. Ayrıca iki değişken (TEBD - V_P) arasındaki ilişkinin önemli (uyumlu) olup olmadığını belirlemek için Pearson korelasyon katsayıları (r), Microsoft Excel ve SPSS 11.5 programları vasıtasıyla hesaplanmıştır. Bütün karışım özelliklerinde (bağlayıcı tipi ve oranı, su-çimento oranı ve atık tane boyut dağılımı) basınç dayanımının artmasıyla birlikte lineer olarak ultrasonik P-dalga hızı artmıştır ve yüksek korelasyon katsayıları ($r \geq 0,97$) elde edilmiştir (Şekil 38, 39 ve 40) (Tablo 10). Fakat bağlayıcı tipinin TEBD - V_P ilişkisine etkisi incelenirken her bağlayıcının (çimentonun) kimyasal ve mineralojik bileşimi farklı olduğundan macun dolgu numunelerinin hem dayanımı hem de ultrasonik özellikleri üzerinde farklı etkileri olabileceği düşünülmektedir (Tablo 6). Bu yüzden bağlayıcı tipinin etkisi aynı grafik üzerinde ayrı ayrı incelenmiştir (Şekil 40). Sonuç olarak bütün bağlayıcı tiplerinde basınç dayanımının artması ile birlikte ultrasonik P- dalga hızının arttığı açıkça görülmektedir.

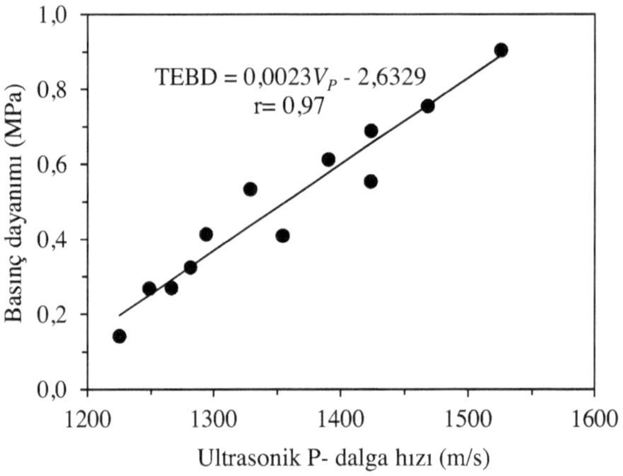

Şekil 38. Bağlayıcı oranının TEBD - V_P ilişkisine etkisi (Pirit atık)

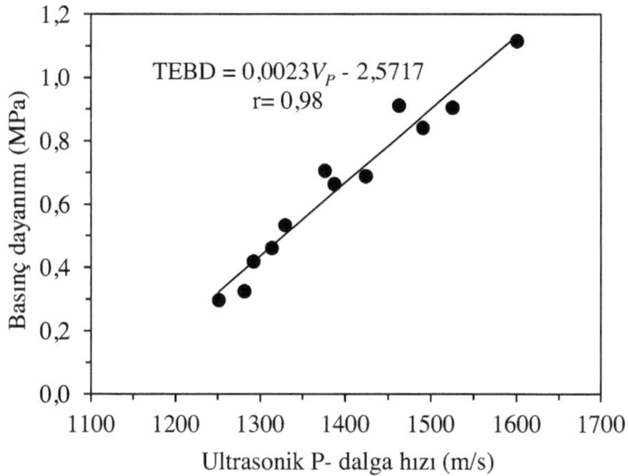

Şekil 39. Su-çimento oranının TEBD - V_P ilişkisine etkisi (Pirit atık)

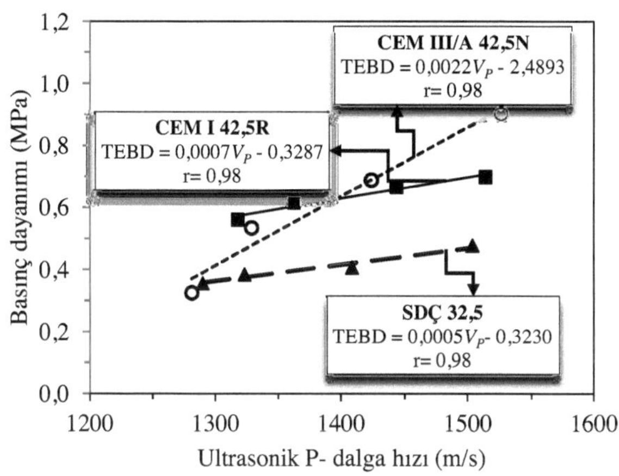

Şekil 40. Bağlayıcı tipinin TEBD - V_P ilişkisine etkisi (Pirit atık)

Şekil 41, 42 ve 43'de, bakır atık kullanılarak hazırlanan macun dolgu numunelerinin tek eksenli basınç dayanımı ile ultrasonik P- dalga hızı arasındaki ilişki verilmiştir. Bütün karışım özelliklerinde (bağlayıcı oranı, su-çimento oranı ve bağlayıcı tipi) yüksek korelâsyon katsayıları (r $\geq$ 0,91) elde edilmiştir (Tablo 10). Ayrıca bağlayıcı tipinin TEBD - V_P ilişkisini nasıl etkilediğini belirlemek için her bağlayıcı tipinde elde edilen basınç dayanımı-ultrasonik P- dalga hızı verileri ayrı ayrı değerlendirilmiştir (Şekil 43). Tüm bağlayıcı tiplerinde basınç dayanımının artmasıyla paralel olarak ultrasonik P- dalga hızları artmıştır ve kendi içerisinde oldukça yüksek korelasyon katsayıları elde edilmiştir.

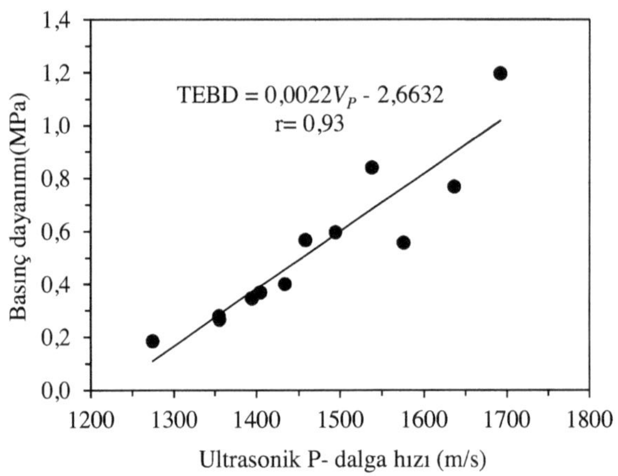

Şekil 41. Bağlayıcı oranının TEBD - V_P ilişkisine etkisi (Bakır atık)

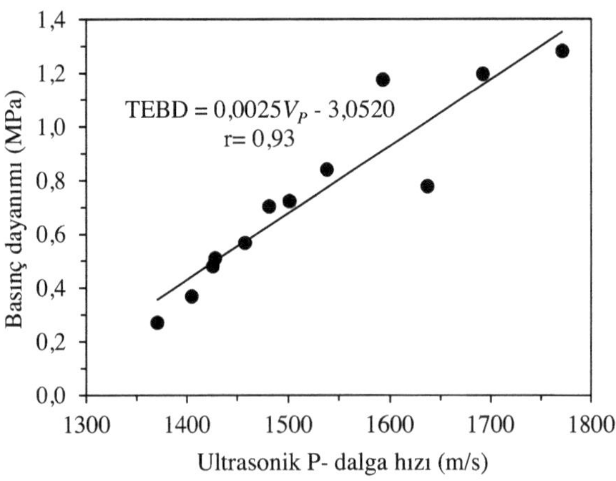

Şekil 42. Su-çimento oranının TEBD - V_P ilişkisine etkisi (Bakır atık)

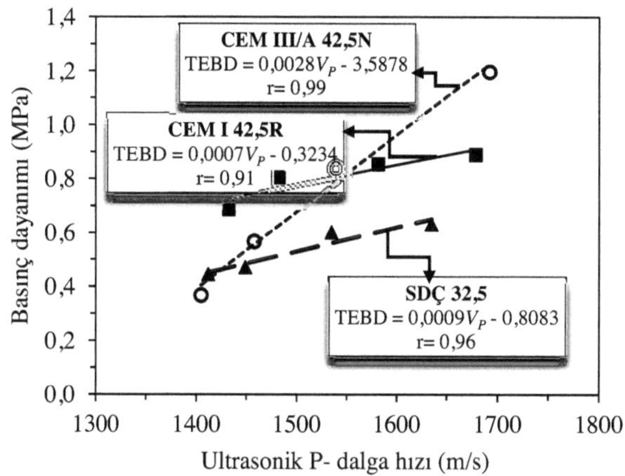

Şekil 43. Bağlayıcı tipinin TEBD - V_P ilişkisine etkisi (Bakır atık)

Şekil 44-47'de, baraj atığı kullanılarak bağlayıcı oranı, su/çimento oranı, bağlayıcı tipi ve atık tane boyut dağılımının etkisini incelemek amacıyla hazırlanan macun dolgu numunelerinin tek eksenli basınç dayanımı ile ultrasonik P- dalga hızı arasındaki ilişki verilmiştir. Baraj atığı kullanılarak hazırlanan macun dolgu örnekleri üzerinde yapılan basınç dayanımı ve ultrasonik P- dalga hızı testleri sonucu oluşturulan TEBD - V_P ilişkisi grafiklerine göre basınç dayanımı ile ultrasonik P- dalga hızı arasında lineer (doğrusal) bir ilişki olduğu görülmektedir. Ayrıca TEBD - V_P arasında oldukça güçlü bir korelasyon (uyum) olduğu gözlemlenmiştir ve korelasyon katsayıları oldukça yüksek ($r \geq 0,90$) çıkmıştır (Tablo 10).

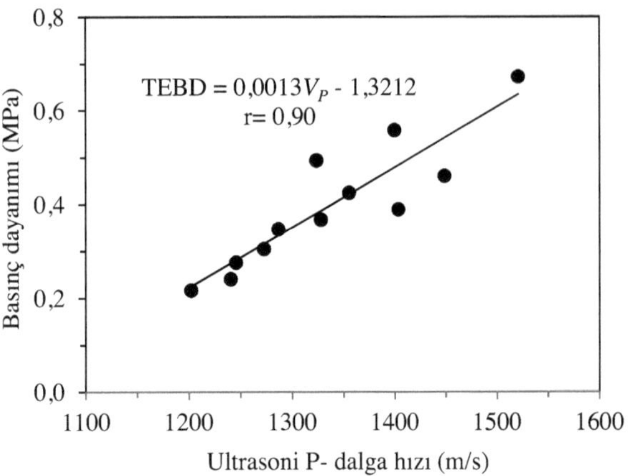

Şekil 44. Bağlayıcı oranının TEBD - V_P ilişkisine etkisi (Baraj atığı)

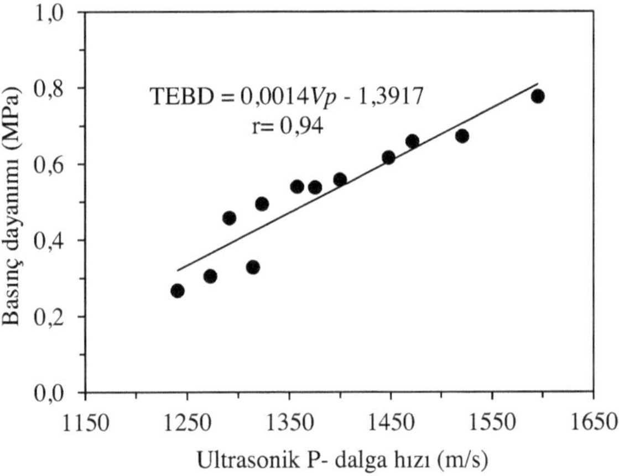

Şekil 45. Su-çimento oranının TEBD - V_P ilişkisine etkisi (Baraj atığı)

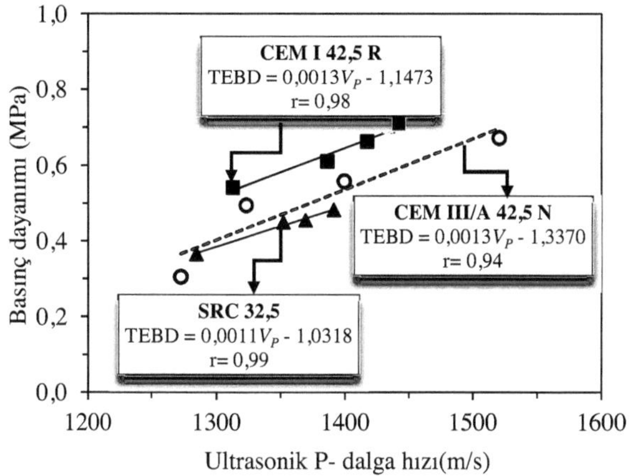

Şekil 46. Bağlayıcı tipinin TEBD - V_P ilişkisine etkisi (Baraj atığı)

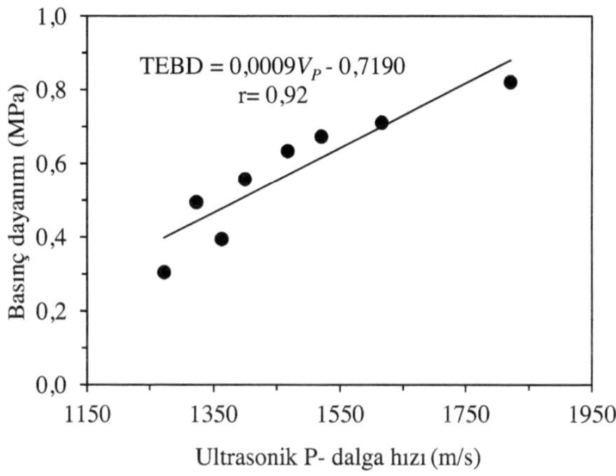

Şekil 47. Atık tane boyut dağılımının TEBD - V_P ilişkisine etkisi (Baraj atığı)

Tablo 10'da görüldüğü üzere, tüm eşitliklerin korelâsyon katsayıları (r) oldukça yüksektir fakat bu durum basınç dayanımı-ultrasonik P- dalga hızı arasındaki uyum derecesini tam olarak göstermeyebilir. Bu yüzden, SPSS 11.5 programı yardımıyla korelasyon katsayısının (r) anlamlı olup olmadığını belirlemek için *t*- testi ve doğru denkleminin (y= ax± b) anlamlılığını test etmek için ise F- testi kullanılmıştır.

Tablo 10. TEBD – V_p ilişkisine ait eşitlikler ve korelasyon katsayıları (r)

Atık Tipi / Karışım Özellikleri	Basınç Dayanımı Eşitliği (y= ax± b)	Korelâsyon Katsayısı (r)	Eşitlik No
Pirit atık - Bağlayıcı oranı	TEBD = 0,0023V_P - 2,6329	0,97	(3)
Pirit atık - Su/çimento oranı	TEBD = 0,0023V_P - 2,5717	0,98	(4)
Pirit atık - Bağlayıcı tipi			
(CEM I 42,5R)	TEBD = 0,0007V_P - 0,3287	0,98	(5a)
(CEM III/A 42,5N)	TEBD = 0,0022V_P - 2,4893	0,99	(5b)
(SDÇ 32,5)	TEBD = 0,0005V_P - 0,3230	0,98	(5c)
Bakır atık - Bağlayıcı oranı	TEBD = 0,0022V_P - 2,6632	0,93	(6)
Bakır atık - Su/çimento oranı	TEBD = 0,0025V_P - 3,0520	0,93	(7)
Bakır atık - Bağlayıcı tipi			
(CEM I 42,5R)	TEBD = 0,0007V_P - 0,3234	0,91	(8a)
(CEM III/A 42,5N)	TEBD = 0,0028V_P - 3,5878	0,99	(8b)
(SDÇ 32,5)	TEBD = 0,0009V_P - 0,8083	0,96	(8c)
Baraj atığı - Bağlayıcı oranı	TEBD = 0,0013V_P - 1,3212	0,90	(9)
Baraj atığı - Su/çimento oranı	TEBD = 0,0014V_P - 1,3917	0,94	(10)
Baraj atığı - Bağlayıcı tipi			
(CEM I 42,5R)	TEBD = 0,0013V_P - 1,1473	0,98	(11a)
(CEM III/A 42,5N)	TEBD = 0,0013V_P - 1,3370	0,94	(11b)
(SDÇ 32,5)	TEBD = 0,0011V_P - 1,0318	0,99	(11c)
Baraj atığı (Şlam Uzaklaştırılmış)	TEBD = 0,0009V_P- 0,7190	0,92	(12)

3.3.1. *t* - Testi (Korelâsyon Testi)

Farklı atık tiplerinde ve karışım özelliklerinde (bağlayıcı oranı, su-çimento oranı, bağlayıcı tipi ve atık tane boyut dağılımı) hazırlanan macun dolgu numunelerinden elde edilen tek eksenli basınç dayanımı ve ultrasonik P- dalga hızı verileri ile oluşturulan TEBD - *Vp* ilişkisi grafiklerine ait korelasyon katsayıları (r) Tablo 10'da verilmiştir.

Elde edilen korelasyon katsayılarının (r) anlamlı olup olmadığını belirlemek için, SPSS 11.5 programı yardımıyla *t*- testi yapılmıştır. Bu test SPSS 11.5 programı yardımıyla hesaplanan *t*- değeri (t_{hesap}) ile Ek Tablo 3'te verilen kritik *t*- değerlerinin (t_{tablo}) karşılaştırılması esasına dayanmaktadır (Tüysüz ve Yaylalı-Abanuz, 2012).

Program yardımıyla hesaplanan *t*- değerinin Ek Tablo 3'de verilen kritik *t*- değerleri ile karşılaştırılabilmesi için Ek Tablo 3 kullanılmıştır.

Bulunan serbestlik derecelerine (S_d) göre tablodan kritik *t*- değerleri okunmuştur (Tablo 11). Daha sonra bu test (*t*- testi) için %95 güven aralığı ($\alpha<0,05$) seçilmiş ve hipotezler kurulmuştur (H_0= Korelasyon anlamsızdır, H_1= Korelasyon anlamlıdır). Bütün atık tiplerinde ve karışım özelliklerinde yapılan testlerde kurulan hipotezlere göre hesaplanan *t*- değeri (t_{hesap}) tabloda yer alan *t*- değerinden (t_{tablo}) daha büyük ($t_{hesap} > t_{tablo}$) olduğu için sıfır hipotezi (H_0) reddedilmiş ve alternatif hipotez (H_1) kabul edilmiştir. Sonuç olarak tüm eşitliklerin korelasyon katsayılarının anlamlı olduğuna karar verilmiştir (Tablo 11).

3.3.2. F - Testi (ANOVA- Regresyon Testi)

Farklı karışım özelliklerinde hazırlanan macun dolgu numunelerinden elde edilen basınç dayanımı-ultrasonik P- dalga hızı ilişkisi grafiklerine ait doğru denkleminin anlamlı olup olmadığını test etmek için F- testi yapılmıştır.

Elde edilen eşitliklerin (denklemlerin) anlamlı olup olmadığını belirlemek için, yapılan F- testine göre hesaplanan F- değeri (F_{hesap}) ile Ek Tablo 4'de verilen kritik F- değerleri (F_{tablo}) karşılaştırılmıştır (Tüysüz ve Yaylalı-Abanuz, 2012). Bu test için de kritik F- değerlerini tablodan okuyabilmek için farklı karışım özelliklerine ait grafiklerdeki veri sayısına göre serbestlik dereceleri belirlenmiş ve %95 güven aralığı ($\alpha<0,05$) seçilerek hipotezler kurulmuştur (H_0= Regresyon anlamsızdır, H_1= Regresyon anlamlıdır). Bu hipotezlere göre hesaplanan F- değeri (F_{hesap}) tabloda yer alan F- değerinden (F_{tablo}) daha büyük ($F_{hesap} > F_{tablo}$) olduğu için sıfır hipotezi (H_0) reddedilmiş ve alternatif hipotez (H_1) kabul edilmiştir. Bu bağlamda bütün eşitlikler için tüm grafiklerin denklemleri (eşitlikleri) anlamlı bulunmuştur (Tablo 11).

Tablo 11. *t*- test ve F- test sonuçları

Eşitlik No	Korelâsyon Katsayısı (r)	Serbestlik Derecesi (S_d)	t_{Hesap}	t_{Tablo}	F_{Hesap}	F_{Tablo}
(3)	0,97	11	11,97	±1,80	143,17	2,82
(4)	0,98	11	14,97	±1,80	224,18	2,82
(5a)	0,98	3	6,95	±2,35	48,30	9,28
(5b)	0,99	3	8,05	±2,35	64,78	9,28
(5c)	0,98	3	6,59	±2,35	43,44	9,28
(6)	0,93	11	7,82	±1,80	61,07	2,82
(7)	0,93	11	8,11	±1,80	65,73	2,82
(8a)	0,91	3	3,09	±2,35	9,53	9,28
(8b)	0,99	3	11,94	±2,35	142,56	9,28
(8c)	0,96	3	4,65	±2,35	21,58	9,28
(9)	0,90	11	6,502	±1,80	42,278	2,82
(10)	0,94	11	8,814	±1,80	77,684	2,82
(11a)	0,98	3	13,044	±2,35	170,159	9,28
(11b)	0,94	3	3,793	±2,35	14,390	9,28
(11c)	0,99	3	4,907	±2,35	24,083	9,28
(12)	0,92	7	5,697	±1,90	32,453	3,79

3.3.3. Ölçülen ve Tahmin Edilen Basınç Dayanımı İlişkisi

Büyük boyutlu (10x20 cm) macun dolgu numunelerinden elde edilen ultrasonik P- dalga hızı ve tek eksenli basınç dayanımı verileri arasında doğrusal bir ilişki bulunduğu istatistiksel analizler sonucu belirlenmiştir. Farklı karışım özelliklerinde hazırlanan TEBD - V_P ilişkisi grafiklerinden elde edilen eşitlikler vasıtasıyla sadece ultrasonik P- dalga hızı testi yapılarak dolaylı olarak basınç dayanımının tahmin edilmesi amaçlanmıştır. Bu kapsamda hazırlanan dolgu numunelerinin öncelikle ultrasonik P- dalga hızı ve tek eksenli basınç dayanımı testleri laboratuar koşullarında yapılarak ölçülen basınç dayanımı elde edilmiş ve daha sonra sadece önceden yapılmış olan ultrasonik P- dalga hızı testlerine ait veriler Tablo 10'daki eşitliklerde kullanılarak tahmin edilen tek eksenli basınç dayanımı sonuçları elde edilmiştir.

Şekil 48-50'de pirit, bakır ve baraj atıkları ve farklı karışım (bağlayıcı oranı, su-çimento oranı ve atık tane boyut dağılımı) özelliklerinde hazırlanan macun dolgu numunelerine ait ölçülen TEBD –tahmin edilen TEBD grafikleri verilmiştir.

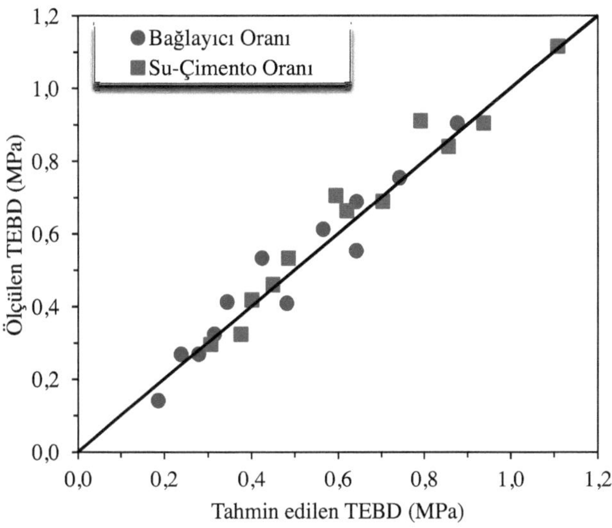

Şekil 48. Ölçülen TEBD - tahmin edilen TEBD ilişkisi (Pirit atık)

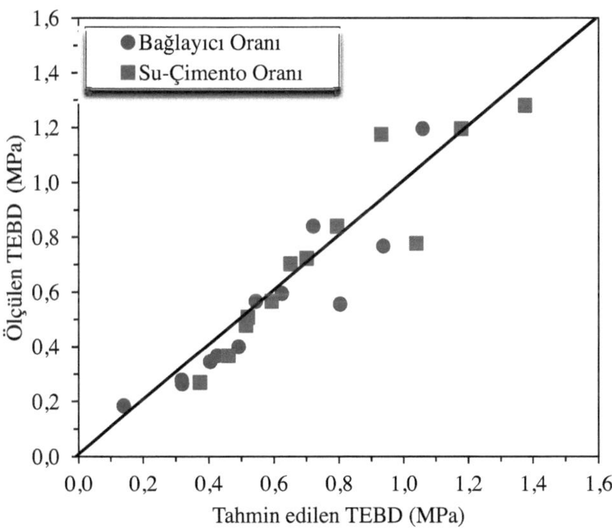

Şekil 49. Ölçülen TEBD -tahmin edilen TEBD ilişkisi (Bakır atık)

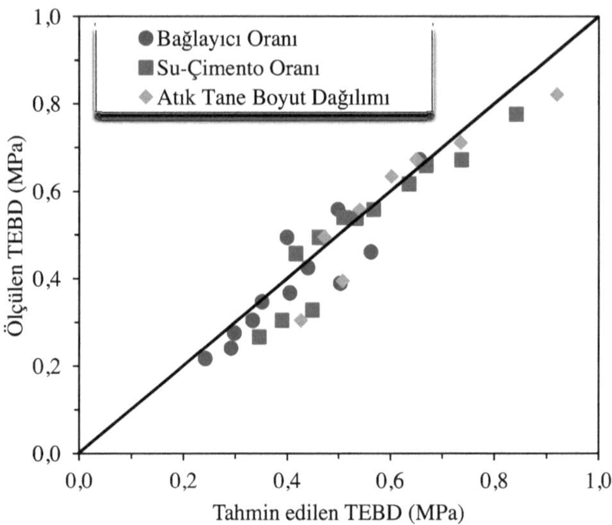

Şekil 50. Ölçülen TEBD - tahmin edilen TEBD ilişkisi (Baraj atığı)

Şekil 48-50'de görüldüğü üzere, farklı atık malzemeler ve farklı karışım özelliklerinde hazırlanan büyük boyutlu macun dolgu numunelerinin ölçülen basınç dayanımı ile tahmin edilen basınç dayanımı değerlerinin birbirine oldukça yakın çıktığı görülmektedir. Ölçülen ile tahmin edilen basınç dayanımı değerleri arasındaki fark düşük basınç dayanımı değerlerinde oldukça az iken basınç dayanımının artması ile bu fark biraz daha artmıştır.

Ölçülen TEBD - tahmin edilen TEBD ilişkisi grafiklerinin uyumlu çıkması, hazırlanan numunelerin sadece ultrasonik P-dalga hızı testine tabi tutularak ve elde edilen P- dalga hızı değerleri ultrasonik P-dalga hızı - basınç dayanımı grafiklerinden elde edilen eşitliklerde kullanılarak hızlı, basit ve güvenilir bir şekilde tek eksenli basınç dayanımı tahmini yapılabileceğini göstermektedir. Büyük boyutlu (10x20 cm) ve küçük boyutlu (5x10 cm) macun dolgu numunelerinin ultrasonik P-dalga hızı değerleri arasında farkın oldukça düşük olması sebebiyle her iki numune boyutundaki P-dalga hızı verileri kullanılarak büyük boyutlu numunelerin basınç dayanımları tahmin edilebilecektir. Fakat cevher hazırlama tesis çıkışından ayrı ayrı alınan bakır ve pirit atık ile atık barajı boşaltım noktasının 40m ilerisinden alınan baraj atığının fiziksel, kimyasal ve mineralojik özellikleri farklı olduğundan dolayı macun dolgunun dayanım ve ultrasonik özelliklerine etkisi farklı olmuştur. Bu nedenle P-dalga hızı ile basınç dayanımı tahmini için pirit, bakır ve baraj atıkları için tablo oluşturulmuştur (Tablo 12). Farklı özelliklere (fiziksel, kimyasal ve mineralojik vb.) sahip atıklardan (altın, gümüş atığı vb.) üretilen macun dolgunun dolaylı olarak basınç dayanımı tahmin edilmek istendiğinde her atığa ait basınç dayanımı tahmini tablolarının oluşturulması gerekliliği ortaya çıkmaktadır.

Tablo 12. Farklı atık malzemeler ile hazırlanan dolgu örneklerinde ultrasonik P- dalga hızı testi ile basınç dayanımı tahmini

TEBD (MPa) (10x20 cm)	UPV (m/s) (10x20 cm - 5x10 cm)		
	Bakır atık	Pirit atık	Baraj atığı
TEBD < 0,5	<1450	<1370	<1350
0,5 < TEBD < 1,0	1450-1690	1370-1600	1350-1600
TEBD > 1,0	> 1690	> 1600	> 1600

4. SONUÇLAR

Bu çalışmada farklı atık malzemeler (pirit atık, bakır atık ve baraj atığı) kullanılarak farklı karışım özelliklerinde (bağlayıcı tipi ve oranı, su-çimento oranı, tane boyut dağılımı) ve boy/çap oranı = 2/1 olan farklı numune boyutlarında (10x20 cm ve 5x10 cm) hazırlanan macun dolgu numunelerinin 7-56 günlük kür sürelerinde tek eksenli basınç dayanımı ve ultrasonik P- dalga hızı testleri yapılarak tek eksenli basınç dayanımı ile ultrasonik P- dalga hızı arasındaki ilişki belirlenmiştir. Ayrıca elde edilen veriler istatistiksel açıdan değerlendirilmiştir. Yapılan çalışmalardan aşağıdaki sonuçlar elde edilmiştir;

I. Bütün atık tiplerinde (pirit atık, bakır atık ve baraj atığı) ve karışım özelliklerinde (bağlayıcı tipi ve oranı, su-çimento oranı ve atık tane boyut dağılımı) küçük boyutlu (5x10 cm) macun dolgu numuneleri büyük boyutlu (10x20 cm) macun dolgu numunelerine kıyasla daha yüksek basınç dayanımı ve ultrasonik P- dalga hızı üretmiştir

II. Büyük boyutlu (10x20 cm) numuneler ile küçük boyutlu (5x10 cm) numuneler arasındaki dayanım farkı erken kür sürelerinde (7-14 gün) yüksek iken ilerleyen kür sürelerinde (28-56 gün) bu fark azalmıştır. Ultrasonik özellikler açısından karşılaştırma yapıldığında ise küçük numuneler, büyük numunelere kıyasla bütün kür sürelerinde genel olarak 1,03-1,09 kat daha yüksek ultrasonik P- dalga hızına ulaşmıştır.

III. Pratikte, maden operatörlerinin yeraltında güvenli bir şekilde çalışabilmesi ve üretim yapılan bölge etrafındaki dolgunun duraylılığını koruyabilmesi için 28 günde istenen dayanım kriterini (TEBD$\geq$ 1,0 MPa) %7 bağlayıcı oranı ve 3,97 su-çimento oranına sahip büyük boyutlu (10x20 cm) macun dolgu numuneleri sağlarken, küçük boyutlu (5x10 cm) numunelerde %7 bağlayıcı oranı ve üç farklı su-çimento oranında (3,97, 4,21 ve 4,58) hazırlanan macun dolgu numuneleri sağlamıştır.

IV. Tüm atık malzeme tiplerinde, bağlayıcı oranının artması ve su-çimento oranının azalmasıyla macun dolgu numunelerinin tek eksenli basınç dayanımı ve ultrasonik P- dalga hızı, numune boyutu ve kür süresinden bağımsız olarak artmıştır.

V. Baraj atığı (referans atık ve sınıflandırılmış baraj atığı) kullanılarak atık tane boyut dağılımının etkisinin incelenmesi amacıyla hazırlanan dolgu numunelerinde 20 μm altı malzeme miktarının azalmasıyla tek eksenli basınç dayanımı ve ultrasonik P- dalga hızı, numune boyutu ve kür süresinden bağımsız olarak artmıştır.

VI. Bağlayıcı tipinin etkisinin incelenmesi için farklı bağlayıcılar (CEM I 42,5R, CEM III/A 42,5N ve SDÇ 32,5) ile hazırlanan macun dolgu örneklerinde CEM I 42,5R ve SDÇ 32,5 ile hazırlanan örneklerin basınç dayanımı ve ultrasonik P-dalga hızı erken kür sürelerinde (7-14 gün) hızlı bir gelişim gösterirken daha sonraki kür sürelerinde (28-56 gün) daha yavaş seyretmiştir. CEM III/A 42,5N ile hazırlanan macun dolgu numunelerinin dayanım ve ultrasonik hızı ise 7-56 günlük kür süresi boyunca düzenli olarak artış göstermiştir.

VII. Tek eksenli basınç dayanımı - ultrasonik P- dalga hızı ilişkisinin istatistiksel olarak incelenmesi sonucunda elde edilen eşitliklere ait korelasyon katsayıları ($r \geq 0,90$) oldukça yüksek çıkmıştır ve eşitliklerin *t*- ve F- testi ile istatistiksel açıdan anlamlı (güvenilir) olduğu belirlenmiştir. Bu sayede, üretilen dolgu numunelerinin sadece P- dalga hızı testleri gerçekleştirilerek eşitlik yardımıyla tek eksenli basınç dayanımının dolaylı olarak tahmin edilebileceği ortaya konmuştur.

5. ÖNERİLER

I. Yeraltına yerleştirilen macun dolgudan farklı numune boyutlarında karot numuneleri alınarak numune boyutunun basınç dayanımı ve ultrasonik özelliklere nasıl etki edeceği araştırılmalı ve laboratuar koşullarında yapılan deneysel çalışmaların sonuçları ile karşılaştırılmalıdır.

II. Farklı numune boyutlarında hazırlanan macun dolgu numunelerinin uzun dönem (56-360 gün) dayanım testleri yapılarak kısa dönemde (7-56 gün) gösterdiği basınç dayanımı farklılığının uzun dönemde nasıl gerçekleşeceği ve farklı boyuta sahip dolgu numunelerinin uzun dönemde duraylı kalıp kalmayacağı incelenmelidir.

III. Büyük boyutlu (10x20 cm) macun dolgu numuneleri ile küçük boyutlu (5x10 cm) numuneler arasındaki basınç dayanımı farklılığına sebep olabileceği düşünülen macun dolgu içerisinde meydana gelen hidratasyon süreci, bu süreçte oluşan ürünler ile dolgunun mikro yapısının detaylı olarak incelenmesi için mikroyapı analizleri (XRD, SEM vb.) yapılmalıdır.

IV. Atık malzemenin fiziksel, kimyasal ve mineralojik özelliklerinin numune boyutu açısından macun dolgunun basınç dayanımı ve ultrasonik özelliklerine etkisinin araştırılması amacıyla farklı özelliklere sahip atık malzemeler (altın ve gümüş atıkları vb.) kullanılarak detaylı deneysel çalışmalar yapılmalıdır.

6. KAYNAKLAR

Abdul-Hussain, N., 2011. Experimental Study on the Engineering Properties of Gelfill, MSc Thesis, University of Ottawa , Ottawa, Canada, 229 p.

Abo-Qudais, S.A., 2005. Effect of Concrete Mixing Parameters on Propagation of Ultrasonic Waves, Construction and Building Materials, 19,4, 257-263.

Akcil, A. ve Koldaş, S., 2006. Acid Mine Drainage (AMD): Causes, Treatment and Case Studies, Journal of Cleaner Production, 14, 12-13, 1139-1145.

Annor, A.B., 1999. A Study of the Characteristics and Behaviour of Composite Backfill Material, PhD Thesis, McGill University, Montreal, Canada, 396.

Archibald, J.F. Lausch, P. ve He, Z.X., 1993.Quality Control Problems Associated with Backfill Use in Mines, The Canadian Mining and Metallurgical Bulletin, 86, 972 53-57.

ASTM C 39, 2012. Standard test method for compressive strength of cylindrical concrete specimens. Annual Book of ASTM Standards, American Society of Testing Material.

ASTM C 143, 2008. Standard test method for Slump of Hydraulic – Cement Concrete, Annual Book of ASTM Standards, American Society of Testing Material.

ASTM C 597, 2009. Standard test method for pulse velocity through concrete. Annual Book of ASTM Standards, American Society of Testing Material.

Başka, M.A., 2006. Betonun Basınç Dayanımının Belirlenmesi ve Değerlendirilmesi, Yüksek Lisans Tezi, Atatürk Üniversitesi, Fen Bilimleri Enstitüsü, Erzurum.

Belem, T., Benzaazoua, M. ve Bussiere, B., 2000. Mechanical Behaviour of Cemented Paste Backfill, Proceedings of 53th Canadian Geotechnical Conference, Montreal, 373-380.

Benzaazoua, M., Ouellet, J., Servant, S., Newman, P. ve Verburg, R., 1999. Cementitius Backfill with High Sulfur Content Physical, Chemical, and Mineralogical Characterization, Cement and Concrete Research, 29,5, 719-725.

Benzaazoua, M., Belem, T. ve Bussiere, B., 2002. Chemical Factors That Influence the Performance of Mine Sulphidic Paste Backfill, Cement and Concrete Research, 32,7, 1133-1144.

Benzaazoua, M., Fall, M. ve Belem, T., 2004. A Contributing to Understanding the Hardening Process of Cemented Pastefill, Minerals Engineering, 17,2, 141-152.

Benzaazoua, M., Fiset, J.F., Bussiere, B., Villeneuve, M ve Plante, B., 2006. Sludge Recycling within Cemented Paste Backfill: Study of the Mechanical and Leachability Properties, Minerals Engineering, 19,5, 420- 432.

Brace, W.F., 1981. The Effect of Size on Mechanical Properties of Rock, Geophysical Research Letters, 8,7, 651–652.

Brackebusch, F.W., 1994. Basics of Cemented Paste Backfill Systems, Mining Engineering, 46,10, 1175-1178.

Cihangir, F., Erçıkdı, B., Kesimal, A., Turan, A. ve Deveci, H., 2012. Utilization of Alkali–Activated Blast Furnace Slag in Paste Backfill of High–Sulphide Mill Tailings: Effect of Binder Type and Dosage, Minerals Engineering. 30, 33-43.

Chotard, T., Breart, N.G., Smith, A., Fargeot, D., Bonnet, J.P. ve Gault, C., 2001. Application of Ultrasonic Testing to Describe the Hydration of Calcium Aluminate Cement at the Early Age, Cement and Concrete Research, 31,3, 405–412.

Chou, CL., Chouteau, M. ve Benzaazoua, M., 2011. Laboratory Characterization of Mining Cemented Rockfill by NDT Methods: Experimental Set up and Testing. Proceedings of the International Symposium on Nondestructive Testing of Materials and Structures, Istanbul, Turkey, 935-942.

Çakmakçı, G., 1997. Mechanical Evaluation of Cemented Backfill Materials, M.Sc. Thesis, Middle East Technical University, Graduate School of Natural & Applied Sciences, Ankara.

Çetiner, E.G., Ünver, B. ve Hindistan, M.A., 2006. Maden Atıkları ile İlgili Mevzuat: Avrupa Birliği ve Türkiye, Madencilik, 45, 1, 23-34.

Darlington, W.J., Ranjith, P.G. ve Choi, S.K., 2011. The Effect of Specimen Size on Strength and Other Properties in Laboratory Testing of Rock and Rock–like Cementitious Brittle Materials, Rock Mechanics and Rock Engineering. 44, 513–529.

Demirboğa, R., Türkmen, İ. ve Karakoç, M.B., 2004. Relationship Between Ultrasonic Velocity and Compressive Strength for High-volume Mineral-admixtured Concrete, Cement and Concrete Research, 34,12, 2329-2336.

Diezd'Aux, M., 2008. Ultrasonic Wave Measurement Through Cement Paste Backfill, MSc Thesis, University of Toronto, Toronto, Canada, 111 p.

Erçıkdı, B., Cihangir, F., Kesimal, A., Deveci, H. ve Alp, İ., 2008. Drenaj Koşullarının Macun Dolgu Dayanımına Etkisi, Madencilik, 47, 2, 15-24.

Erçıkdı, B., 2009. Mineral ve Kimyasal Katkı Maddelerinin Macun Dolgu Performansına Etkisi, Doktora Tezi, K.T.Ü Fen Bilimleri Enstitüsü, Trabzon, 128 s.

Erçıkdı, B., Kesimal, A., Cihangir, F., Deveci, H. ve Alp, İ., 2009a. Cemented Paste Backfill of Sulphide-rich Tailings: Importance of Binder Type and Dosage, Cement and Concrete Composites, 31,4, 268-274.

Erçıkdı, B., Cihangir, F., Kesimal, A., Deveci, H. ve Alp, İ., 2009b. Piritli Atıklardan Üretilen Çimentolu Macun Dolgunun Dayanım ve Deformasyon Özellikleri, Türkiye 21. Uluslararası Madencilik Kongresi ve Sergisi, Mayıs, Antalya, Bildiriler kitabı: 323-335.

Erçıkdı, B., Cihangir, F., Kesimal, A., Deveci, H. ve Alp, İ., 2010a. Effect of Natural Pozzolans as Mineral Admixture on the Performance of Cemented Paste Backfill of Sulphide–Rich Tailings, Waste Management Research, 28,5, 430-435.

Erçıkdı, B., Cihangir, F., Kesimal, A., Deveci, H. ve Alp, İ., 2010b. Utilization of Water–Reducing Admixtures in Cemented Paste Backfill of Sulphide–Rich Mill Tailings. Journal of Hazardous Materials, 179, 940–946.

Erçıkdı, B., Cihangir, F., Kesimal, A. ve Deveci, H., 2012. Tesis Atıklarının Yönetiminde Macun Dolgu Teknolojisi, Madencilik Türkiye, 24, 54-59.

Erçıkdı, B., Baki, H. ve İzki, M., 2013a. Effect of Desliming of Sulphide-Rich Mill Tailings on the Long-Term Strength of Cemented Paste Backfill, Journal of Environmental Management, 115, 5-13.

Erçıkdı, B., Yılmaz, T. ve Külekci, G., 2013b. Strength and Ultrasonic Properties of Cemented Paste Backfill, Ultrasonics, Doi:10.1016/j.ultras.2013.04.013.

Fall, M., Benzaazoua, M. ve Ouellet, S., 2004. Effect of Tailings Properties on Paste Backfill Performance, Proceedings of The 8th International Symposium on Mining with Backfill, Beijing, China, 193-202.

Fall, M. ve Benzaazoua, M., 2005. Modeling the Effect of Sulphate on Strength Development of Paste Backfill and Binder Mixture Optimization, Cement and Concrete Research, 35,2, 301-314.

Fall, M., Benzaazoua, M. ve Ouellet, S., 2005. Experimental Characterization of the Influence of Tailings Fineness and Density on the Quality of Cemented Paste Backfill, Minerals Engineering. 18, 1, 41–44.

Fall, M., Belem, T., Samb, S. ve Benzaazoua, M., 2007. Experimental Characterization of the Stress-Strain Behaviour of Cemented Paste Backfill in Compression, Journal of Materials Science, 42, 3914-3922.

Fall, M., Benzaazoua, M. ve Saa, E.G., 2008. Mix Proportioning of Underground Cemented Tailings Backfill, Tunneling and Underground Space Technology, 23, 1, 80-90.

Fall, M. ve Samb, S.S., 2009. Effect of High Temperature on Strength and Microstructural Properties of Cemented Paste Backfill, Fire Safety Journal, 44,4, 642-651.

Fall, M. ve Pokharel, M., 2010. Coupled Effects of Sulphate and Temperature on the Strength Development of Cemented Tailings Backfill: Portland Cement-Paste Backfill, Cement and Concrete Composites, 32, 10, 819–828.

Fall, M., Celestin, J.C., Pokharel, M. ve Toure, M., 2010. A Contribution to Understanding the Effects of Curing Temperature on the Mechanical Properties of Mine Cemented Tailings Backfill, Engineering Geology, 114, 3-4, 397–413.

Felekoğlu, B. ve Türkel, S., 2005. Effects of Specimen Type and Dimensions on Compressive Strength of Concrete, Gazi Üniversitesi Fen Bilimleri Dergisi, 18,4, 639–645.

Galaa, A.M., Thompson, B.D., Grabinsky, M.W. ve Bawden, W.F., 2011. Characterizing Stiffness Development in Hydrating Mine Backfill Using Wave Measurements, Canadian Geotechnical Journal, 48,8 1174-1187.

Hassani, F.P., Ouellet, J. ve Hossein, M., 2001. Strength Development in Underground High Sulphate Paste Backfill Operation, Canadian Institute of Mining, Metallurgy and Petroleum, 94, 1050, 57-62.

Hassani, F.P., Nokken, M.R. ve Annor, A., 2007. Physical and Mechanical Behaviour of Various Combinations of Minefill Materials, Canadian Institute of Mining, Metallurgy and Petroleum, 100, 1101, 1–6.

Helinski, M., Fourie, A., Fahey, M. ve Ismail, M., 2007. Assessment of the Self–Desiccation Process in Cemented Mine Backfill, Canadian Geotechnical Journal, 44, 10, 1148–1156.

Hoek, E., 2001. Rock Engineering Course Notes by Evert HOEK, http://www.rockscience.com/education/hoeks_corner, 09 Ağustos 2012.

Hossain, K.M.A. ve Lachemi, A., 2006. Performance of Volcanic ASH and Pumice Based Blended Cement Concrete in Mixed Sulphate Environment, Cement and Concrete Research, 36,6, 1123-1133.

Kahraman, S., 2007. A Quality Classification of Building Stones from P-wave Velocity and its Application to Stone Cutting with Gang Saws. Journal of the South African Institute of Mining and Metallurgy, 107, 427–430.

Karaman, K., Cihangir, F., Erçıkdı, B. ve Kesimal, A., 2010. The Effect of Specimen Length on Ultrasonic P–wave Velocity in Clayey–Carbonate Rocks, Madencilik, 49, 4, 37–4.

Karpuz, C. ve Paşamehmetoğlu, A.G., 1997. Field Characterisation of Weathered Ankara Andesites, Engineering Geology, 46,1, 1–17.

Kesimal, A.,. Erçıkdı, B. ve Yılmaz, E., 2003. The Effect of Desliming by Sedimentation on Paste Backfill Performance, Minerals Engineering, 16,10, 1009-1011.

Kesimal, A., Yılmaz, E. ve Erçıkdı, B., 2004. Evaluation of Paste Backfill Test Results Obtained from Different Size Slumps with Varying Cement Contents for Sulphure Rich Mill Tailings, Cement and Concrete Research, 34,10, 1817-1822.

Kesimal, A., Yılmaz, E., Erçıkdı, B., Alp, İ. ve Deveci, H., 2005. Effect of Tailings and Binder on the Short-and Long-term Strength and Stability of Cemented Paste Backfill, Materials Letters, 59,28, 3703-3709.

Kesimal, A., Deveci, H., Alp, İ., Erçıkdı, B. ve Cihangir, F., 2010. Optimization of Paste Backfill Performance for Different Ore Types in Cayeli Copper Mine, Project report, Trabzon, Turkey, 42 p.

Kim, B.C. ve Kim, J.Y., 2009. Characterization of Ultrasonic Properties of Concrete, Mechanics Research Communications, 36,2, 207-214.

Klein, K. ve Simon, D., 2006. Effect of Specimen Composition on the Strength Development in Cemented Paste Backfill, Canadian Geotechnical Journal, 43, 310–324.

Lafhaj, Z., Goueygou, M., Djerbi, A. ve Kaczmarek, M., 2006. Correlation between Porosity, Permeability and Ultrasonic Parameters of Mortar with Variable Water / Cement Ratio and Water Content, Cement and Concrete Research, 36,4, 625-633.

Landriault, D. ve Deneka, E., 2000. Comparision Laboratory Study of Cayeli Mine's Clastic Ore and Spec Ore Tailings in Paste Form, Golder PasteTec Project Report, Ontario, Canada, 23 p.

Mahure, N.V., Vijh, G.K., Sharma, P., Sivakumar, N. ve Ratnam, M., 2011. Correlation Between Pulse Velocity and Compressive Strength of Concrete. International Journal of Earth Sciences and Engineering, 4, 6, 871–874.

Nasir, O. ve Fall, M., 2009. Coupling Binder Hydration, Temperature and Compressive Strength Development of Underground Cemented Paste Backfill at Early Ages, Tunneling and Underground Space Technology, 25,1, 9-20.

Nogueira, C.L., 2011. Wavelet-based Analysis of Ultrasonic Longitudinal and Transverse Pulses in Cement-based Materials, Cement and Concrete Research, 41,11, 1185-1195.

Ouellet, S., Bussiere, B., Mbonimpa, M., Benzaazoua, M. ve Aubertin, M., 2005. Reactivity and Mineralogical Evolution of an Underground Mine Sulphidic Cemented Paste Backfill, Minerals Engineering, 19,5, 407-419.

Özkahraman, H.T., Selver, R. ve Işık, E.C., 2004. Determination of the Thermal Conductivity of Rock from P-wave Velocity. International Journal of Rock Mechanics and Mining, 41, 703–708.

Petro Jr., J.T. ve Kim, J., 2012. Detection of Delamination in Concrete Using Ultrasonic Pulse Velocity Test, Construction and Building Materials, 26,1, 574-582.

Revell, B., 2004. Paste–how strong is it?, Proceedings of the 8th International Symposium with Backfill, Beijing, China, 286–294.

Singh, T.N. ve Kripamoy, S., 2005. Geotechnical Investigation of Amiyan Landslide Hazard Zone in Himalayan Region, Proceedings of the First International Conference on Geotechnical Engineering for Disaster Mitigation and Rehabilitation, Singapore, 355-360.

Sounthararajan, V.M. ve Sivakumar, A., 2012. The Effect of Accelerators and Mix Constituents on the High Early Strength Concrete Properties, ISRN Civil Engineering, doi:10.5402/2012/103534.

Stone, D.M.R., 1993. The Optimization of Mix Designs for Cemented Rockfill, Proceedings of the 5th International Symposium on Mining with Backfill, Johannesburg, South Africa, 249-253.

Şahmaran, M., Kasap, O., Duru, K. ve Yaman, İ.O., 2007. Effects of Mix Composition and Water-Cement Ratio on the Sulphate Resistance of Blended Cements, Cement and Concrete Composites, 29,3, 159-167.

Tariq, A. ve Nehdi, M., 2007. Developing Durable Paste Backfill from Sulphidic Tailings, Waste Management Research, 160, 4, 155–166.

Tharmaratnam, K. ve Tan, B.S., 1990. Attenuation of Ultrasonic Pulse in Cement Mortar, Cement and Concrete Research, 20,3, 335–345.

Trtnik, G., Kavčič, F. ve Turk, G., 2009a. Prediction of Concrete Strength Using Ultrasonic Pulse Velocity and Artificial Neural Networks, Ultrasonics, 49,1, 53-60.

Trtnik, G., Valič, M. I., Kavčič, F. ve Turk, G., 2009b. Comparison Between Two Ultrasonic Methods in Their Ability to Monitor the Setting Process of Cement Pastes, Cement and Concrete Research, 39,10, 876-882.

Turk, N. ve Dearman, W.R., 1987. Assessment of Grouting Efficiency in a Rock Mass in Terms of Seismic Velocities, Bulluetin of Engineering Geology and the Environment, 36,1, 101–108.

Türkmen, İ., Gavgalı, M. ve Gül, R., 2003. Influence of Mineral Admixtures on the Mechanical Properties and Corrosion of Steel Embedded in High Strength Concrete, Materials Letters, 57,13–14, 2037–2043.

Tüysüz, N. ve Yaylalı - Abanuz, G., Jeoistatistik; Kavramlar ve Bilgisayarlı Uygulamalar, 2. Baskı, 382 s., KTÜ Matbaası, Trabzon, 2012.

Ulucan, Z.C., Türk, K. ve Karatas, M., 2008. Effect of Mineral Admixtures on the Correlation Between Ultrasonic Velocity and Compressive Strength for Self-compacting Concrete. Russian Journal of Nondestructive Testing, 44,5, 367–374.

Ünal, E. ve Çakmakçı, G., 2000. Laboratory Evaluation of Cemented Backfill Materials for Mines, Geotechnical Testing Journal, 23,4, 496-505.

Ünver, B., 2012. Kişisel görüşme. Hacettepe Üniversitesi Maden Mühendisliği Bölümü, Ankara.

Wichtmann, T. ve Triantafyllidis, T., 2010. On the Influence of the Grain Size Distribution Curve on P-wave Velocity, Constrained Elastic Modulus M_{max} and Poisson's Ratio of Quartz Sands. Soil Dynamics and Earthquake Engineering, 30, 757–766.

Wright, C., Walls, E.J. ve Carneiro, D.J., 2000. The Seismic Velocity Distribution in the Vicinity of a Mine Tunnel at Thabazimbi, South Africa. Journal of Applied Geophysics, 44,4, 369–382.

Ye, G., Lura, P., Breugel, K.V. ve Fraaij, A.L., 2004. Study on the Development of the Microstructure in Cement Based Materials by Means of Numerical Simulation and Ultrasonic Pulse Velocity Measurement. Cement and Concrete Composites, 26, 5, 491-497.

Yılmaz, E., 2003. Sülfit İçeren Maden Atıklarından Hazırlanan Çimentolu Macun Dolgu Örneklerinin Dayanım Özelliklerinin İncelenmesi, Yüksek Lisans Tezi, K.T.Ü Fen Bilimleri Enstitüsü, Trabzon, 117 s.

Yılmaz, E., Kesimal, A. ve Erçıkdı, B., 2003. Macun Dolgu Dayanımını ve Duraylılığını Etkileyen Faktörler, Hacettepe Üniversitesi Yerbilimleri Uygulama ve Araştırma Merkezi Bülteni, 28,2, 155-169.

Yılmaz, E., Benzaazoua, M., Belem, T. ve Bussiere, B., 2009. Effect of Curing Under Pressure on Compressive Strength Development of Cemented Paste Backfill, Minerals Engineering, 22,9-10, 772-785.

Yılmaz, E., Belem, T., Benzaazoua, M., Kesimal, A., Erçıkdı, B. ve Cihangir, F., 2011. Use of High-Density Paste Backfill for Safe Disposal of Copper/Zinc Mine Tailings, Mineral Resources Management, 81-93.

Yılmaz, T., İzki, M. ve Erçıkdı, B., 2013. Numune Boyutunun Macun Dolgu Dayanımına Etkisi, Türkiye 23. Uluslararası Madencilik Kongresi ve Sergisi, Nisan, Antalya, Bildiriler Kitabı, 525-535.

Yin, S., Wu, A., Hu, K., Wang, Y. ve Zhang, Y., 2012. The Effect of Solid Components on the Rheological and Mechanical Properties of Cemented Paste Backfill, Minerals Engineering, 35, 61–66.

Young, R.P., Hill, J.J., Bryan, I.R. ve Middleton, R., 1985. Seismic Spectroscopy in Fracture Characterization, Quarterly Journal of Engineering Geology and Hydrogeology, 18, 459–479.

Yumlu, M., 2001. Backfill Practices at Cayeli Mine. Proceedings of the International Mining Conference, Ankara, Turkey, 333–339.

Yumlu, M., 2010. Pastefill - Becoming a Feasible and Popular Option for Ensuring Recovery of High Grade Deposits, Cobar Mining Seminar 2010, The Australasian Institute of Mining & Metallurgy, New South Wales, Australia, 26s.

7. EKLER

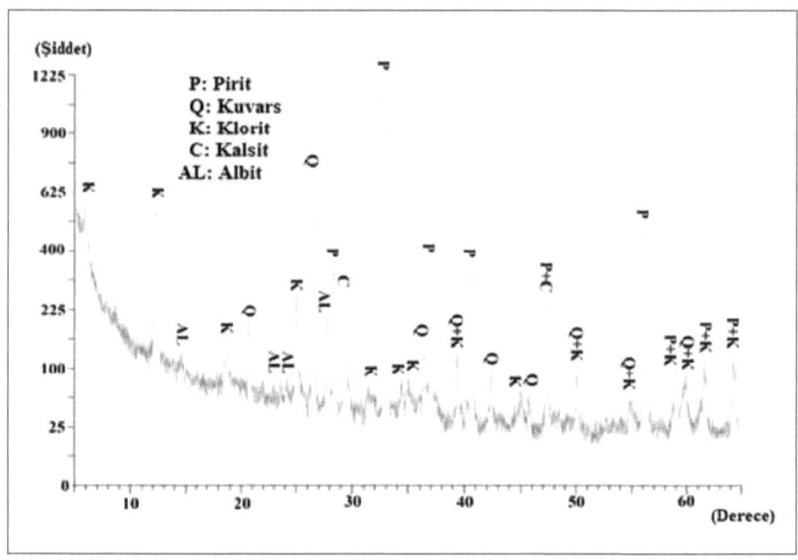

Ek Şekil 1. Bakır atığa ait XRD profili

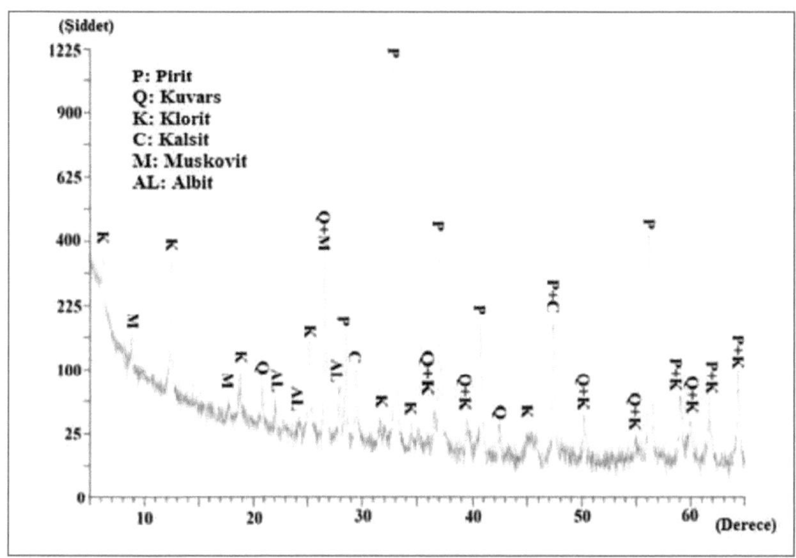

Ek Şekil 2. Pirit atığa ait XRD profili

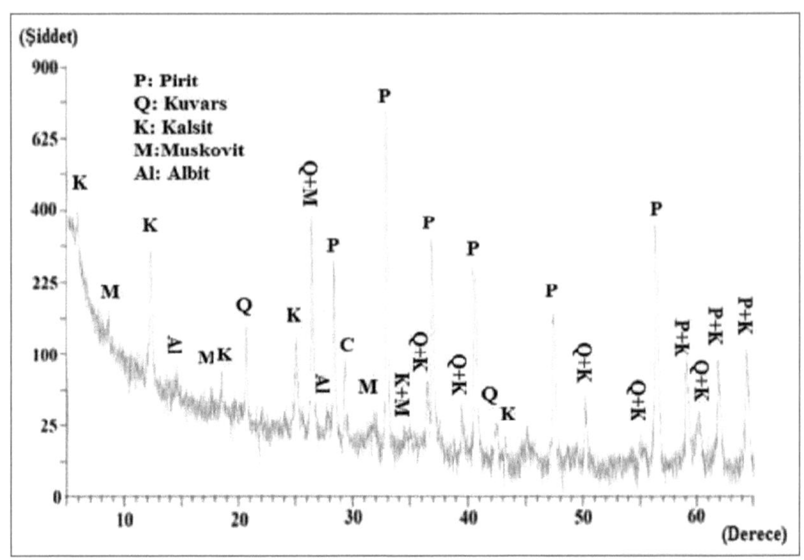

Ek Şekil 3. Baraj atığı'na ait XRD profili

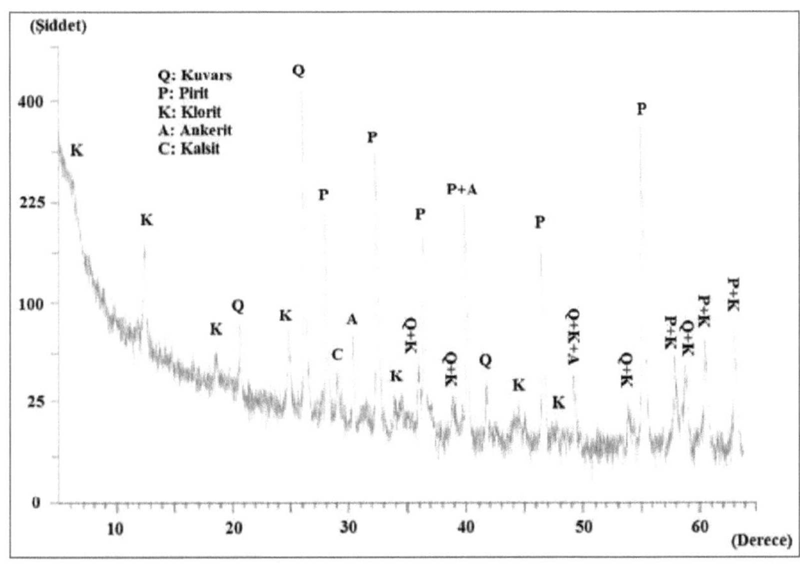

Ek Şekil 4. Sınıflandırılmış baraj atığı'na ait XRD profili

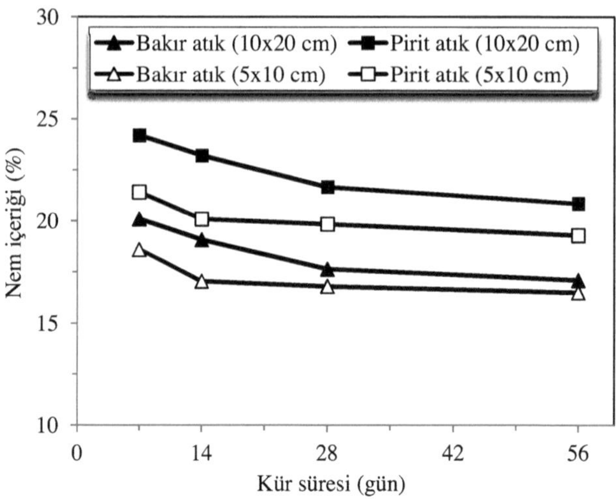

Ek Şekil 5. Nem içeriği-kür süresi ilişkisi

Ek Tablo 1. Bakır atık kullanılarak hazırlanan macun dolgu numunelerinin 7-56 günlük kür süresinde ultrasonik P- dalga hızı ve tek eksenli basınç dayanımı testi sonuçları

Çimento tipi : CEM III/A 42,5N
Katı oranı : % 77,25
Numune boyutu : 10x20 cm (çap x boy)
Bağlayıcı oranı : %6,0

Numune no	Kür süresi (gün)	Ağırlık (gr)	Yoğunluk (gr/cm^3)	Numune uzunluğu (cm)	UPV geçiş süresi (μs)	Ultrasonik P- dalga hızı (m/s)	Kırılma yükü (Newton)	Basınç dayanım (MPa)
1	7	3649,36	2,276	19,749	145,75	1355	2073	0,256
2	7	3648,58	2,269	19,747	145,95	1353	2156	0,266
3	7	3647,79	2,262	19,753	145,35	1359	2218	0,274
					Ortalama	**1356**	**Ortalama**	**0,265**
4	14	3629,28	2,268	19,740	141,30	1397	2789	0,344
5	14	3625,48	2,268	19,725	141,50	1394	2802	0,346
6	14	3623,27	2,267	19,725	141,60	1393	2835	0,350
					Ortalama	**1395**	**Ortalama**	**0,347**
7	28	3642,37	2,276	19,752	132,30	1493	4921	0,607
8	28	3648,12	2,275	19,751	131,85	1498	4811	0,594
9	28	3653,36	2,274	19,747	132,35	1492	4753	0,587
					Ortalama	**1494**	**Ortalama**	**0,596**
10	56	3619,23	2,260	19,759	120,70	1637	5973	0,737
11	56	3635,78	2,266	19,800	121,40	1631	6209	0,766
12	56	3652,78	2,271	19,762	120,50	1640	6470	0,798
					Ortalama	**1636**	**Ortalama**	**0,767**

Ek Tablo 1'in devamı

Çimento tipi : CEM III/A 42,5N
Katı oranı : % 77,25
Numune boyutu : 5x10 cm (çap x boy)
Bağlayıcı oranı : %6,0

Numune no	Kür süresi (gün)	Ağırlık (gr)	Yoğunluk (gr/cm^3)	Numune uzunluğu (cm)	UPV Geçiş süresi (μs)	Ultrasonik P- dalga hızı (m/s)	Kırılma yükü (Newton)	Basınç dayanım (MPa)
1	7	567,86	2,174	9,983	73,30	1362	1113	0,460
2	7	573,72	2,175	9,995	72,90	1372	1025	0,424
3	7	569,69	2,172	9,996	73,50	1360	1078	0,446
					Ortalama	**1365**	**Ortalama**	**0,443**
4	14	570,32	2,165	9,990	70,40	1419	1191	0,493
5	14	571,96	2,158	9,996	70,20	1424	1130	0,467
6	14	570,07	2,172	9,997	70,45	1419	1270	0,525
					Ortalama	**1420**	**Ortalama**	**0,495**
7	28	572,14	2,187	9,997	65,00	1538	2094	0,866
8	28	567,90	2,173	9,988	64,40	1551	2135	0,883
9	28	566,61	2,176	9,848	64,20	1534	2163	0,895
					Ortalama	**1541**	**Ortalama**	**0,881**
10	56	577,26	2,183	9,921	58,60	1693	2187	0,904
11	56	576,95	2,188	9,883	58,10	1701	2361	0,976
12	56	577,67	2,192	9,881	58,40	1692	2291	0,947
					Ortalama	**1695**	**Ortalama**	**0,943**

Ek Tablo 2. Pirit atık kullanılarak hazırlanan macun dolgu numunelerinin 7-56 günlük kür süresinde ultrasonik P- dalga hızı ve tek eksenli basınç dayanımı testi sonuçları

Çimento tipi : CEM I 42,5R
Katı oranı : % 74,71
Numune boyutu : 10x20 cm (çap x boy)
Bağlayıcı oranı : %7,0

Numune no	Kür süresi (gün)	Ağırlık (gr)	Yoğunluk (gr/cm^3)	Numune uzunluğu (cm)	UPV Geçiş süresi (μs)	Ultrasonik P- dalga hızı (m/s)	Kırılma yükü (Newton)	Basınç dayanım (MPa)
1	7	3339,30	2,066	19,943	151,20	1319	4502	0,556
2	7	3336,59	2,064	19,949	151,70	1315	4538	0,560
3	7	3333,63	2,062	19,945	151,10	1320	4566	0,563
					Ortalama	**1318**	**Ortalama**	**0,560**
4	14	3339,07	2,065	19,952	146,60	1361	4979	0,614
5	14	3346,78	2,066	19,999	146,30	1367	5012	0,619
6	14	3359,29	2,073	19,995	146,70	1363	4980	0,615
					Ortalama	**1363**	**Ortalama**	**0,616**
7	28	3361,33	2,067	19,999	138,50	1444	5345	0,660
8	28	3360,89	2,070	19,993	138,65	1442	5407	0,667
9	28	3360,65	2,074	20,000	138,60	1443	5448	0,672
					Ortalama	**1443**	**Ortalama**	**0,666**
10	56	3362,68	2,074	20,000	132,10	1514	5704	0,704
11	56	3358,05	2,074	19,968	131,80	1515	5608	0,692
12	56	3353,79	2,076	19,943	131,90	1512	5674	0,700
					Ortalama	**1514**	**Ortalama**	**0,699**

Ek Tablo 2'nin devamı

Çimento tipi : CEM I 42,5R

Katı oranı : % 74,71

Numune boyutu : 5x10 cm (çap x boy)

Bağlayıcı oranı : %7,0

Numune no	Kür süresi (gün)	Ağırlık (gr)	Yoğunluk (gr/cm^3)	Numune uzunluğu (cm)	UPV Geçiş süresi (μs)	Ultrasonik P- dalga hızı (m/s)	Kırılma yükü (Newton)	Basınç dayanım (MPa)
1	7	523,33	1,983	9,970	73,80	1351	1799	0,744
2	7	526,17	1,985	9,983	73,30	1362	1835	0,759
3	7	526,59	1,990	9,996	74,10	1349	1811	0,749
					Ortalama	**1354**	**Ortalama**	**0,751**
4	14	527,68	1,978	9,912	70,80	1400	1885	0,780
5	14	528,87	1,988	9,877	70,50	1401	1938	0,801
6	14	527,50	1,987	9,856	70,10	1406	1903	0,787
					Ortalama	**1402**	**Ortalama**	**0,789**
7	28	531,24	2,002	9,944	67,60	1471	2032	0,840
8	28	533,19	1,998	9,993	67,75	1475	1914	0,792
9	28	533,14	2,004	9,962	67,40	1478	1949	0,806
					Ortalama	**1475**	**Ortalama**	**0,813**
10	56	534,90	2,001	9,957	63,50	1568	1989	0,823
11	56	536,05	1,993	9,860	62,60	1575	1959	0,810
12	56	535,15	2,001	9,960	63,20	1576	2005	0,829
					Ortalama	**1573**	**Ortalama**	**0,821**

Ek Tablo 3. *t*- testinde kullanılan kritik t değerleri

Ek. 3	t Dağılımı: Kritik t değerleri				
	Tek taraftaki alan				
	0.005	0.01	0.025	0.05	0.1
	Çift taraftaki alan				
ν	0.01	0.02	0.05	0.1	0.2
1	63.66	31.82	12.71	6.31	3.08
2	9.92	6.96	4.30	2.92	1.89
3	5.84	4.54	3.18	2.35	1.64
4	4.60	3.75	2.78	2.13	1.53
5	4.03	3.36	2.57	2.02	1.48
6	3.71	3.14	2.45	1.94	1.44
7	3.50	3.00	2.36	1.90	1.42
8	3.36	2.90	2.31	1.86	1.40
9	3.25	2.82	2.26	1.83	1.38
10	3.17	2.76	2.23	1.81	1.37
11	3.11	2.72	2.20	1.80	1.36
12	3.06	2.68	2.18	1.78	1.36
13	3.01	2.65	2.16	1.77	1.35
14	2.98	2.62	2.14	1.76	1.34
15	2.95	2.60	2.13	1.75	1.34
16	2.92	2.58	2.12	1.75	1.34
17	2.90	2.57	2.11	1.74	1.33
18	2.88	2.55	2.10	1.73	1.33
19	2.86	2.54	2.09	1.73	1.33
20	2.84	2.53	2.09	1.72	1.32
21	2.83	2.52	2.08	1.72	1.32
22	2.82	2.51	2.07	1.72	1.32
23	2.81	2.50	2.07	1.71	1.32
24	2.80	2.49	2.06	1.71	1.32
25	2.79	2.48	2.06	1.71	1.32
26	2.78	2.48	2.06	1.71	1.32
27	2.77	2.47	2.05	1.70	1.31
28	2.76	2.47	2.05	1.70	1.31
29	2.76	2.46	2.04	1.70	1.31
30	2.75	2.46	2.04	1.70	1.31
40	2.70	2.42	2.02	1.68	1.30
60	2.66	2.39	2.00	1.67	1.30
120	2.62	2.36	1.98	1.66	1.29
∞	2.58	2.33	1.96	1.645	1.28

Ek Tablo 4. F- testinde kullanılan kritik F değerleri

Ek 5a	ν_1 (pay) ve ν_2 (payda) serbestlik dereceleri ve $\alpha = 0.05$ anlamlılık düzeyi için kritik F değerleri													
							ν_1							
ν_2	1	2	3	4	5	6	7	8	9	10	12	15	20	24	∞
1	161.45	199.5	215.7	224.58	230.16	233.99	236.77	238.88	240.54	241.88	243.9	245.95	248.01	249.05	250.10
2	18.51	19.00	19.6	19.25	19.30	19.33	19.35	19.37	19.38	19.40	19.41	19.43	19.45	19.45	19.46
3	10.13	9.55	9.28	9.12	9.01	8.94	8.89	8.85	8.81	8.79	8.74	8.70	8.66	8.64	8.62
4	7.71	6.94	6.59	6.39	6.26	6.16	6.09	6.04	6.00	5.96	5.91	5.86	5.80	5.77	5.75
5	6.61	5.79	5.41	5.19	5.05	4.95	4.88	4.82	4.77	4.74	4.68	4.62	4.56	4.53	4.50
6	5.99	5.14	4.76	4.53	4.39	4.28	4.21	4.15	4.10	4.06	4.00	3.94	3.87	3.84	3.81
7	5.59	4.74	4.35	4.12	3.97	3.87	3.79	3.73	3.68	3.64	3.57	3.51	3.44	3.41	3.38
8	5.32	4.46	4.07	3.84	3.69	3.58	3.50	3.44	3.39	3.35	3.28	3.22	3.15	3.12	3.08
9	5.12	4.26	3.86	3.63	3.48	3.37	3.29	3.23	3.18	3.14	3.07	3.01	2.94	2.90	2.86
10	4.96	4.10	3.71	3.48	3.33	3.22	3.14	3.07	3.02	2.98	2.91	2.84	2.77	2.74	2.70
11	4.84	3.98	3.59	3.36	3.20	3.09	3.01	2.95	2.90	2.85	2.79	2.72	2.65	2.61	2.57
12	4.75	3.89	3.49	3.26	3.11	3.00	2.91	2.85	2.80	2.75	2.69	2.62	2.54	2.51	2.47
13	4.67	3.81	3.41	3.18	3.03	2.92	2.83	2.77	2.71	2.67	2.60	2.53	2.46	2.42	2.38
14	4.60	3.74	3.34	3.11	2.96	2.85	2.76	2.70	2.65	2.60	2.53	2.46	2.39	2.35	2.31
15	4.54	3.68	3.29	3.06	2.90	2.79	2.71	2.64	2.59	2.54	2.48	2.40	2.33	2.29	2.25
16	4.49	3.63	3.24	3.01	2.85	2.74	2.66	2.59	2.54	2.49	2.42	2.35	2.28	2.24	2.19
17	4.45	3.59	3.20	2.96	2.81	2.70	2.61	2.55	2.49	2.45	2.38	2.31	2.23	2.19	2.15
18	4.41	3.55	3.16	2.93	2.77	2.66	2.58	2.51	2.46	2.41	2.34	2.2	21.19	2.15	2.11
19	4.38	3.52	3.13	2.90	2.74	2.63	2.54	2.48	2.42	2.38	2.31	2.23	2.15	2.1	2.07
20	4.35	3.49	3.10	2.87	2.71	2.60	2.51	2.45	2.39	2.35	2.28	2.20	2.12	2.08	2.04
21	4.32	3.47	3.07	2.84	2.68	2.57	2.49	2.42	2.37	2.32	2.25	2.18	2.10	2.05	2.01
22	4.30	3.44	3.05	2.82	2.66	2.55	2.46	2.40	2.34	2.30	2.23	2.15	2.07	2.03	1.98
23	4.28	3.42	3.03	2.80	2.64	2.53	2.44	2.37	2.32	2.27	2.20	2.13	2.05	2.01	1.96
24	4.26	3.40	3.01	2.78	2.62	2.51	2.42	2.36	2.30	2.25	2.18	2.11	2.03	1.98	1.94
25	4.24	3.39	2.99	2.76	2.60	32.49	2.40	2.34	2.28	2.24	2.16	2.09	2.01	1.96	1.92
26	4.23	3.37	2.98	2.74	2.59	2.47	2.39	2.32	2.27	2.22	2.15	2.07	1.99	1.95	1.90
27	4.21	3.35	2.96	2.73	2.57	2.46	2.37	2.31	2.25	2.20	2.13	2.06	1.97	1.93	1.88
28	4.20	3.34	2.95	2.71	2.56	2.45	2.36	2.29	2.24	2.19	2.12	2.04	1.95	1.91	1.87
29	4.18	3.33	2.93	2.70	2.55	2.43	2.35	2.28	2.22	2.18	2.10	2.03	1.94	1.90	1.85
30	4.17	3.32	2.92	2.69	2.53	2.42	2.33	2.2	2.21	2.16	2.09	2.01	1.93	1.89	1.84
40	4.08	3.23	2.84	2.61	2.45	2.34	2.25	2.18	2.12	2.38	2.00	1.92	1.84	1.79	1.74
60	4.00	3.15	2.76	2.53	2.37	2.25	2.17	2.10	2.04	1.39	1.92	1.84	1.75	1.70	1.65
120	3.92	3.07	2.68	2.45	2.29	2.18	2.09	2.02	1.96	1.91	1.83	1.75	1.65	1.61	1.55
∞	3.84	3.00	2.60	2.37	2.21	2.10	2.01	1.94	1.88	1.83	1.75	1.67	1.57	1.52	1.46

Printed by Books on Demand GmbH, Norderstedt / Germany